工业机器人工学结合项目化系列教材

工业机器人仿真技术
入门与实训

连硕教育教材编写组　编著

电子工业出版社
Publishing House of Electronics Industry
北京·BEIJING

内 容 简 介

本书根据职业教育的特点，实现"做中学"和"学中做"相结合的教学理念，设计了 7 个学习项目，即认识工业机器人、RobotStudio 软件介绍、RobotStudio 基本操作、ABB 机器人 I/O 配置、RAPID 编程与调试、Smart 组件和应用实例。每个教学项目包含 2～4 个工作任务，项目内容包括学习目标、任务分配、任务实施、任务评价等多个方面，还包含知识准备和课后习题。各个教学项目的安排由浅入深，循序渐进，通过实际应用案例来加强对仿真软件操作技巧的掌握。工作任务按照典型工作过程进行设计实施，注重学生职业能力、职业素养和团队协作等综合素质的培养。

本书通过 7 个学习项目，将工业机器人仿真技术相关的理论与实践相结合，使学生在实际操作中学会仿真技术的原理，以及 RobotStudio 仿真软件的操作技巧。

本书可作为职业院校工业机器人技术专业的基础教材，也可作为企业中从事工业机器人设计、编程、调试与维护等相关工作人员的培训参考用书。

图书在版编目（CIP）数据

工业机器人仿真技术入门与实训 / 连硕教育教材编写组编著. — 北京：电子工业出版社，2018.6

工业机器人工学结合项目化系列教材

ISBN 978-7-121-33667-6

I. ①工… II. ①连… III. ①工业机器人—计算机仿真—职业教育—教材 IV. ①TP242.2

中国版本图书馆 CIP 数据核字（2018）第 026277 号

策划编辑：李树林
责任编辑：赵　娜
印　　刷：北京天宇星印刷厂
装　　订：北京天宇星印刷厂
出版发行：电子工业出版社
　　　　　北京市海淀区万寿路 173 信箱　　邮编：100036
开　　本：787×980　1/16　印张：20　字数：435 千字
版　　次：2018 年 6 月第 1 版
印　　次：2024 年 8 月第 10 次印刷
定　　价：69.00 元

凡所购买电子工业出版社图书有缺损问题，请向购买书店调换。若书店售缺，请与本社发行部联系，联系及邮购电话：（010）88254888，88258888。

质量投诉请发邮件至 zlts@phei.com.cn，盗版侵权举报请发邮件至 dbqq@phei.com.cn。

本书咨询和投稿联系方式：（010）88254463，lisl@phei.com.cn。

连硕教育教材编写组

主　编：唐海峰

编　者：陆晓锋　余顺平　罗毓斌　黄晓旋
　　　　冼　健　刘　艳　汪亚凡

支持单位：深圳市连硕机器人职业培训中心

前　言

随着仿真技术的不断发展，离线编程可以在不消耗任何实际生产资源的情况下对实际生产过程进行动态模拟。针对工业产品，利用该技术可优化产品设计，通过虚拟装配避免或减少物理模型的制作，缩短开发周期，降低成本；同时通过建设数字工厂，直观地展示工厂、生产线、产品虚拟样品及整个生产过程，为员工培训、实际生产制造和方案评估带来便捷。

本书采用 ABB 公司的 RobotStudio 软件来介绍仿真技术，RobotStudio 软件是专为工业市场和生产环境而设计的，是一款 PC 应用程序，用于机器人单元的建模、离线创建和仿真。

全书分为 7 章，各章的主要内容如下。

第 1 章介绍工业机器人的基础知识，包括工业机器人常见的五大应用领域、工业机器人品牌和优点、ABB 工业机器人的优势、IRC5 硬件组成、伺服驱动系统、示教器及本体。

第 2 章介绍 RobotStudio 软件的获取、安装及功能菜单。

第 3 章介绍 RobotStudio 基本操作，包括创建机器人工作站、创建机器人系统及创建程序数据。

第 4 章介绍 ABB 工业机器人 I/O 配置，通过 DSQC652 输入/输出模块来学习机器人 I/O 配置。

第 5 章介绍 RAPID 编程与调试，包括基本 RAPID 编程、手动编程及离线编程。

第 6 章介绍 Smart 组件，包括 Smart 组件术语、基础组件、组件的创建、组件的调用、运用 Smart 组件搬运物体及运用 Smart 组件创建动态输送链。

第 7 章介绍应用实例，通过丰富的应用案例加强对整体知识的掌握和运用。

本书是工业机器人工学结合项目化系列教材之一，既可作为职业院校工业机器人技术专业的基础教材，也可作为企业中从事工业机器人设计、编程、调试与维护等工作人员的培训参考用书。

由于编者水平有限，书中难免存在疏漏和不足之处，殷切期望广大读者批评指正，以便进一步提高本书的质量。

编著者

目 录

第1章

认识工业机器人

随着科学的不断进步和工业机器人技术的飞速发展，工业机器人的应用越来越广泛。本章通过介绍工业机器人常见的五大应用领域，了解不同品牌的工业机器人。重点掌握 ABB 工业机器人的优点、控制柜 IRC5 系统结构、伺服驱动系统、示教器及本体等相关知识。

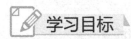 学习目标

知识目标

（1）了解工业机器人常见的五大应用领域；

（2）了解工业机器人的品牌；

（3）了解工业机器人的优点；

（4）了解 ABB 工业机器人的优势；

（5）熟悉 IRC5 控制器的硬件组成和伺服驱动系统的组成；

（6）熟悉工业机器人本体和示教器。

技能目标

（1）能简述工业机器人常见的五大应用领域和品牌；

（2）能简述工业机器人的优点和 ABB 工业机器人的优势；

（3）能够正确使用示教器进行各项基本操作；

（4）能够独立完成 ABB 工业机器人的重启操作。

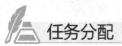 任务分配

1.1　工业机器人简介

1.2　认识 ABB 工业机器人

1

1.1 工业机器人简介

机器人技术是 20 世纪人类最伟大的发明之一。随着劳动成本的增加，不少劳动密集型企业已开始大量使用机器人。近年来，随着机器人传感器技术的飞速发展，工业机器人应用越来越多样化。本节主要介绍工业机器人的基本知识，包括工业机器人常见的五大应用领域、工业机器人的品牌和工业机器人的优点。

 知识准备

1.1.1 工业机器人常见的五大应用领域

1．机械加工
机械加工机器人主要用于零件铸造、激光切割及水射流切割等工作。

2．喷涂
喷涂机器人主要用于涂装、点胶、喷漆等工作。

3．装配
装配机器人主要用于零部件的安装、拆卸及修复等工作。

4．焊接
焊接机器人的应用主要包括在汽车行业中点焊和弧焊。

5．搬运
搬运是工业机器人目前应用最广泛的领域。许多自动化生产线都需要使用工业机器人进行上下料、搬运及码垛等操作。近年来，随着协作工业机器人的兴起，搬运工业机器人的市场份额一直呈增长态势。

1.1.2 工业机器人的品牌

1．国外品牌
国外主要工业机器人品牌见表 1-1。

表 1-1 国外工业机器人品牌

主要厂商名称	特　点
瑞士 ABB	机器人厂商中产品线最广、最全的厂商之一，是世界上电力和自动化技术领域的领导厂商之一，有着丰富的工程项目经验和雄厚的技术实力，是目前我国市场占比最高的工业机器人厂商
德国 KUKA	系统集成技术背景出身，在系统集成方面具有较大的优势
日本 YASKAWA	伺服电动机、伺服驱动器、变频器是它的自主产品特色；擅长于找大客户（如首钢），在弧焊和点焊方面具有优势；在弧焊应用方面是与凯尔达合作，具有较大的优势
日本 FANUC	技术实力储备和工业 4.0 应用上具有优势，如机床上下料等；在中国的分公司，上海电气占据50%的股份
日本 KAWASAKI	是日本最早研发、生产工业机器人的著名企业，其在搬运码垛、弧焊等应用方面有自己特点；在国内是 100%独资，擅长与系统商合作，自己没有工程公司
日本 DAIHEN	焊接专业机器人公司，有自主研发的协同作业机器人焊接系统，在焊接机器人的细分领域具有十足的市场特色
日本那智不二越	日本独资，其母公司的背景是日本著名的机床企业集团
意大利柯马	汽车工程集成为主，隶属于菲亚特集团

2．国内品牌

国内主要工业机器人品牌见表 1-2。

表 1-2 国内工业机器人品牌

主要厂家名称	特　点
沈阳新松	隶属于中国科学院，是一家以机器人独有技术为核心，致力于数字化智能高端装备制造的高科技上市企业。公司上市的名称就叫"机器人"。新松公司在机器人方面应用开发较为综合，各个方面都有所涉足
安徽埃夫特	是一家专门从事工业机器人、大型物流储运设备及非标生产设备设计、制造的高新技术企业，其擅长在打磨、喷涂、搬运等方面的应用
南京埃斯顿	是 1993 年成立的自动化公司，专注于工业机器人领域，具有全系列工业机器人产品，包括 Delta 和 Scara 工业机器人系列，其中标准工业机器人规格从 6kg 到 300kg，应用领域分布在点焊、弧焊、搬运、机床上下料等方面
上海新时达	是专业研发生产销售工业控制、传动控制、运动控制和机器人产品并服务于全球的高新技术企业，新时达 SR16L6 焊接机器人，工作区域大，手腕关节精度高。适用于低负载、大范围工作场合，特别适用于弧焊、物料搬运、码垛、包装等行业
广州数控	专注于机床数控系统、伺服驱动装置与伺服电动机的研发及产业化，向客户提供 GSK 全系列的机床数控系统，伺服驱动装置和伺服电动机等数字控制设备，是国内最具规模的数控系统研发生产基地。其工业机器人在与 CNC 配套方面具有自身优势

1.1.3 工业机器人的优点

工业机器人的优点如下：

第一，降低运营成本；

第二，提升产品质量与一致性；

第三，改善员工的工作环境；

第四，提高产能；

第五，增强生产的柔性；

第六，减少原料浪费，提高成品率；

第七，满足安全法规，改善生产安全条件；

第八，减少人员流动，缓解招聘技术工人的压力；

第九，降低投资成本，提高生产效率；

第十，节约宝贵的生产空间。

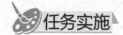 **任务实施**

本节任务实施见表 1-3 和表 1-4。

表 1-3 工业机器人简介任务书

姓　　名		任务名称	工业机器人简介
指导教师		同组人员	
计划用时		实施地点	
时　　间		备　　注	

任　务　内　容

1. 认识工业机器人常见的五大应用。

2. 熟悉工业机器人的品牌。

3. 掌握工业机器人的优点。

考核项目	描述工业机器人常见的五大应用
	描述工业机器人品牌的产品及其应用领域
	描述工业机器人的优点

资　　料	工　　具	设　　备
教材		

工业机器人仿真技术入门与实训

表 1-4　工业机器人简介任务完成报告

姓　名		任务名称	工业机器人简介
班　级		同组人员	
完成日期		实施地点	

1．通过网络搜索手段，查询与工业机器人的相关的知识，描述工业机器人常见的五大应用。

2．国内和国外工业机器人的品牌有哪些？工业机器人有哪些优点？

6

1.2 认识 ABB 工业机器人

ABB 作为全世界四大机器人品牌之一，是全球领先的工业机器人供应商。本节重点介绍 ABB 工业机器人的优势、IRC5 硬件组成、伺服驱动系统、示教器及本体。

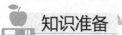 知识准备

1.2.1 ABB 工业机器人的优势

作为机器人控制器领域的行业标杆，ABB 凝聚 40 余年专业经验打造的 IRC5 控制器融入了 ABB 独一无二的运动控制技术，拥有卓越的灵活性、安全性及模块化特性，提供各类应用接口和 PC 工具支持，可实现多机器人控制。除此之外，使用 ABB 工业机器人还有以下优势。

1. 保证安全

确保操作员安全是 IRC5 控制器的一项主要优势，已获得全球多家第三方检验机构的认证。

IRC5 控制器应用的电子限位开关和 SafeMove TM 技术均为新一代安全技术的典范，为兼顾机器人单元的安全性与灵活性创造了绝佳的条件，在缩小占地面积，增强人机协作等方面都有卓越的表现。

2. 机器人铸钢结构

机体刚性较高，手臂在恶劣环境下不会变形，精度不会损失，与其他品牌机器人相比，结构更简单、使用寿命更长。

3. 本体免维护

ABB 工业机器人是能够真正做到本体免维护的机器人产品，采用独立的齿轮齿条传动技术。机器人电动机机械零位的校正简单、快速，不需特殊的仪器。ABB 工业机器人本体都是没有易损件和备件的，从这个方面可以看到 ABB 对自身产品的自信。

4. 高速精准

IRC5 大幅提升了 ABB 工业机器人执行任务的效率。IRC5 以先进动态建模技术为基础，对机器人性能实施自动优化，如通过 QuickMove TM 和 TrueMove TM 技术分别缩短节拍时间，提高路径精度。ABB IRC5 技术使机器人动作具有可预见性，进一步增强了其运行性能，无须程序员参与调整。以 IRB 120 机器人为例，其重复到位精度高达±0.01mm。

5. 抗恶劣环境能力强

85%以上型号的机器人都达到了 IP67 防护等级（一个界面对液态和固态微粒的防护能力）。在比较恶劣的工作环境和高负荷高频率的节拍要求下，ABB 重载机器人的 Active Safety（主动安全）和 Passitive Safety（被动安全）功能可以最大化地保证万一发生事故时人员、机器人和其他财产的安全。

6. 适应性强

IRC5 兼容各种规格电源电压，广泛适应各类环境条件。该控制器还能以安全、透明的方式与其他生产设备互联互通，其 I/O 接口支持绝大部分主流工业网络，以传感器接口、远程访问接口及一系列可编程接口等形成强大的联网能力。

7. 灵活程控

所有 ABB 工业机器人系统均采用 ABB 可塑性极强的高级语言 RAPID 编程。作为一种真正意义的在线/离线通用编程语言，RAPID 支持结构化程序的编制，并拥有诸多先进特性，其强大的预置功能可轻松应对焊接、装配等常见机器人工艺应用的开发。

8. 性能可靠

IRC5 基本实现免维护，无故障运行时间远超同类产品。一旦发生意外停产，其内置的诊断功能有助于及时排除故障，恢复生产。

IRC5 还配备远程监测技术——ABB 远程服务。先进的诊断功能可迅速完成故障检测，并提供机器人状态终生实时监测，显著提高生产效率。

9. 触摸屏式示教器

ABB 工业机器人的示教器有彩色触摸屏，其操作界面类似于 Windows 系统，可选中、英文语言，结构简单。机器人的程序是文本格式，用普通的文本编辑器即可编写程序，编程方便，且可自定义用户界面。

1.2.2 IRC5 硬件组成

ABB 工业机器人系统主要由机械本体、控制器、示教器组成，如图 1-1 所示。其中控制器由主电源、计算机供电单元、计算机控制模块（计算机主体）、输入/输出板、Customer Connections（用户连接端口）、FlexPendant 接口（示教器接线端）、轴计算机板、驱动单元（机器人本体、外部轴）等组成。

一个系统最多包含 36 个驱动单元（最多 4 台机器人），一个驱动模块最多包含 9 个驱动单元，可处理 6 个内部轴及 2 个普通轴或附加轴（取决于机器人的型号）。

IRC5 机器人单元内的标准硬件见表 1-5，IRC5 机器人单元内的可选硬件见表 1-6。

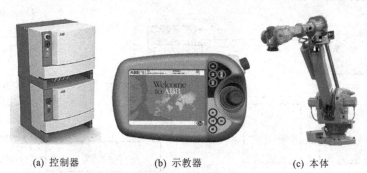

(a) 控制器　　　　　　(b) 示教器　　　　　　(c) 本体

图 1-1 系统结构

表 1-5 IRC5 机器人单元内的标准硬件

硬 件	说 明
机器人操纵器	ABB 工业机器人
控制模块	包含控制操纵器动作的主要计算机，其中，包括 RAPID 的执行和信号处理。一个控制模块可以连接至 1～4 个驱动模块
驱动模块	包含电子设备的模块，这些电子设备可为操纵器的电机供电。驱动模块最多可以包含 9 个驱动单元，每个单元控制一个操纵器关节。标准机器人操纵器有 6 个关节，因此，每个机器人操纵器通常使用一个驱动模块
FlexController	IRC5 机器人的控制器机柜，它包含供系统中每个机器人操纵器使用的一个控制模块和一个驱动模块
FlexPendant	与控制模块相连的编程操纵台。在示教器上编程就是在线编程
工具	安装在机器人操纵器上，执行特定任务，如抓取、切削或焊接的设备

表 1-6 IRC5 机器人单元内的可选硬件

硬 件	说 明
跟踪操纵器	用于放置机器人的移动平台，为其提供更大的工作空间。如果控制模块可以控制定位操纵器的动作，该操纵器则被称为外轴
定位操纵器	通常用来放置工件或固定装置的移动平台。如果控制模块可以控制跟踪操纵器的动作，该操纵器则被称为跟踪外轴
FlexPositioner	用作定位操纵器的第二个机器人操纵器。与定位操纵器一样，该操纵器也受控制模块的控制
固定工具	处于固定位置的设备。机器人操纵器选取工件，然后将其放到该设备上执行特定任务，如黏合、研磨或焊接
工件	被加工的产品
固定装置	一种构件，用于在特定位置放置工件，以便进行重复生产

1.2.3 伺服驱动系统

伺服驱动系统是一种以机械位置或角度作为控制对象的自动控制系统，ABB 工业机器人的伺服驱动系统如图 1-2 所示。

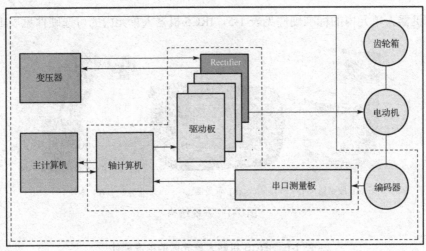

图 1-2　ABB 工业机器人的伺服驱动系统

1．存储空间

存储空间一般分为以下两种。

（1）内存：容量为 256MB，用于加载系统及运行数据，有掉电保护数据区。

（2）CF 卡：容量为 1GB，可保存示教器上的程序。示教器显示的程序保存于掉电保护区，不会自动保存在 CF 卡上，需要手工操作。

2．ABB 工业机器人控制柜类型

ABB 工业机器人控制柜类型如图 1-3 所示。

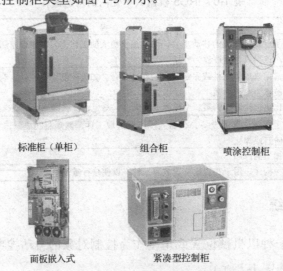

标准柜（单柜）　　　　组合柜　　　　喷涂控制柜

面板嵌入式　　　　紧凑型控制柜

图 1-3　ABB 工业机器人控制柜类型

3．控制器硬件结构（以标准型控制柜为例）

（1）控制器内部结构如图 1-4 所示。

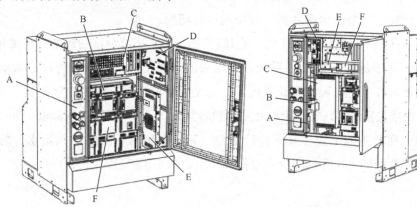

A—面板；B—电容(备份电源)；C—主计算机；
D—安全面板；E—轴计算机；F—驱动系统

A—接触器接口板；B—接触器；
C—驱动系统电源；D—用户I/O电源；
E—控制电源；F—电容(备份电源)

图 1-4　控制器内部结构

（2）控制器面板如图 1-5 所示。

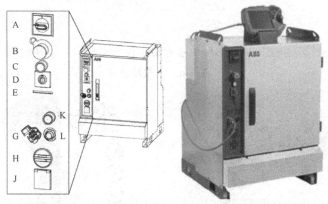

A—总开关；B—急停；C—电动机上电；D—模式开关；E—安全链LED（选项）；
G—计算机服务端口(选项)；H—负荷计时器；J—服务插口115/230V，200W（选项）；
K—Hot plug按钮（选项）；L—示教器连接端口或T10连接口

图 1-5　控制器面板

1.2.4　示教器

1．示教器的构成

示教器（FlexPendant）设备（有时也称为 TPU 或教导器单元）由硬件和软件组成，

示教器配备了 13 个专用硬件按钮，其中 4 个按钮的功能由用户配置。目前，示教器可在 14 种不同的语言环境下操作，包括亚洲语种，如中文和日文。应在系统安装前选择好示教器的语言，在已安装的语言之间可轻松地进行切换。

示教器本身是一套完整的计算机，是 IRC5 的一个组成部分，通过集成电缆和连接器与控制器连接，用于处理与机器人系统操作相关的许多功能，如运行程序、微动控制操纵器、修改机器人程序、参数配置及监控等，也是需要最常打交道的控制装置，某些特定功能如管理用户授权系统（UAS）无法使用示教器执行，只能使用 RobotStudio Online 执行。

示教器可在恶劣的工业环境下持续运作。其触摸屏易于清洁，且防水、防油、防溅锡。示教器外观如图 1-6 所示，示教器面板介绍如图 1-7 所示。

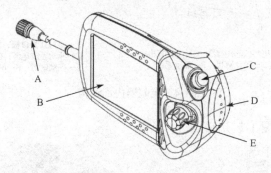

A—连接器；B—触摸屏；C—急停按钮；D—使能按钮；E—三维操纵杆

图 1-6　示教器外观

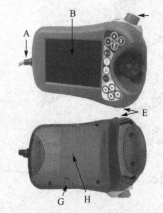

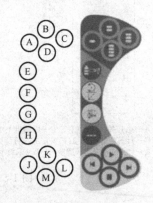

A—连接线（器）；B—触摸屏；C—急停；　　A~D—预置按钮；E—机械单元切换；F—操纵模式；
D—三维操纵杆；E—USB端口；　　　　　　G—操纵模式；H—增量切换；J—单步向后执行程序；
F—使能；开关；G—触摸笔；H—重置键　　　K—连续执行程序；L—单步向前执行程序；
　　　　　　　　　　　　　　　　　　　　　　　M—停止执行程序

(a)　　　　　　　　　　　　　　　　　　　　(b)

图 1-7　示教器面板介绍

在 ABB RobotStudio 中，示教器与真实机器人中用到的功能很接近，能进行很多与真实示教器类似的操作，如手动操纵、定义数据、编写 RAPID 程序、参数配置、查看事件等。

（1）在"控制器"菜单，单击"示教器"→"虚拟示教器"，打开虚拟示教器界面如图 1-8 所示。

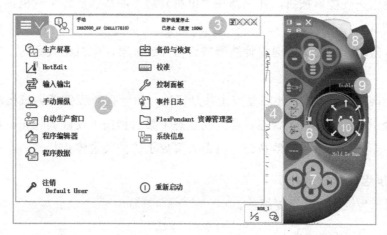

图 1-8　虚拟示教器界面

注意：当控制模式处于自动状态时，示教器的使能键无效。

示教器功能见表 1-7。

表 1-7　示教器功能

序号	说　　明
1	开始菜单
2	示教器的主菜单
3	状态栏，显示信息及状态
4	机器人移动方式切换，动作模式：线性或重定位，机器人 1~3 轴或 4~6 轴
5	可编程按钮，自定义预置快捷功能，可以预定义一些常用的功能，如在焊接机器人中可以定义为打开保护气等信号，每个按键可独立使用
6	机器人运行模式切换：自动/半手动（防护装置停止）/全手动（需确认，速度比降为 3%），从自动到全手动时，必须先半手动，再转到全手动。全手动/半手动（防护装置停止）/自动（需确认，电机自动关闭），从全手动到自动时，必须先转为半手动，再转为自动
7	RAPID 程序调试、执行
8	急停开关
9	使能键，在仿真中，只有当此按钮字体变绿色及在手动状态下，才能移动机器人
10	方向操纵杆

（2）单击示教器中的控制模式图标。

（3）单击示教器主菜单中的控制面板。

2．手持示教器使能键的使用

（1）使能键的作用。使能器按钮是为保证操作人员在操作工业机器人时的人身安全而设置的。只有按下使能器按钮，并保持在“电机开启”的状态，才可对机器人进行手动操作与程序的调试。

当发生危险时，人会本能地将使能器按钮松开或按紧，则机器人会马上停止动作，保证安全。

（2）使能键的使用方法。使能器按钮共分三挡，第一挡对应使能器按钮的放松状态，此时机器人处于防护装置停止状态；在手动状态下第二挡按下使能器按钮，机器人电机处于开启状态；第三挡按下使能器按钮，机器人又处于防护装置停止状态。

3．触摸屏组件

图 1-9 所示为触摸屏各重要组件。

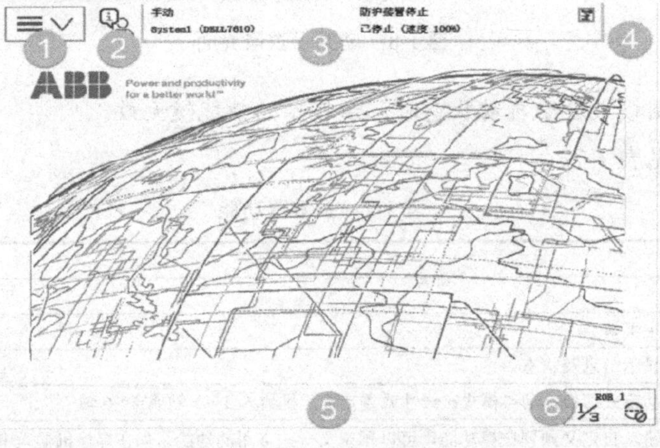

1—ABB 菜单；2—操作员窗口；3—状态栏；4—关闭按钮；5—任务栏；6—“快速设置”菜单

图 1-9　触摸屏

（1）ABB 菜单。右侧显示了单击触摸屏选项后的全部子菜单。

（2）操作员窗口。操作员窗口显示来自机器人程序的消息。程序需要操作员做出某种响应以便继续时往往会出现此情况。

（3）状态栏。状态栏显示与系统状态有关的重要信息，如操作模式、电动机开启 / 关闭、程序状态等。

（4）关闭按钮。单击关闭按钮，关闭当前打开的视图或应用程序。

（5）任务栏。在 ABB 菜单中可打开多个视图，但一次只能操作一个。任务栏显示所有打开的视图，并用于视图之间的切换。

（6）"快速设置"菜单。"快速设置"菜单包含手动控制和程序执行的设置。

4．ABB 菜单

（1）HotEdit 菜单。HotEdit 是对编程位置进行调节的一项功能。该功能可在所有操作模式下运行，即使是在程序运行的情况下，坐标和方向也均可调节。

HotEdit 仅用于已命名的 robtarget 类型位置。

HotEdit 中的可用功能（设定的目标、选定目标、文件、基准、调节目标）可能会受到用户授权系统（UAS）的限制。

（2）输入输出如图 1-10 所示。输入/输出（I/O）是机器人系统参数配置的信号。

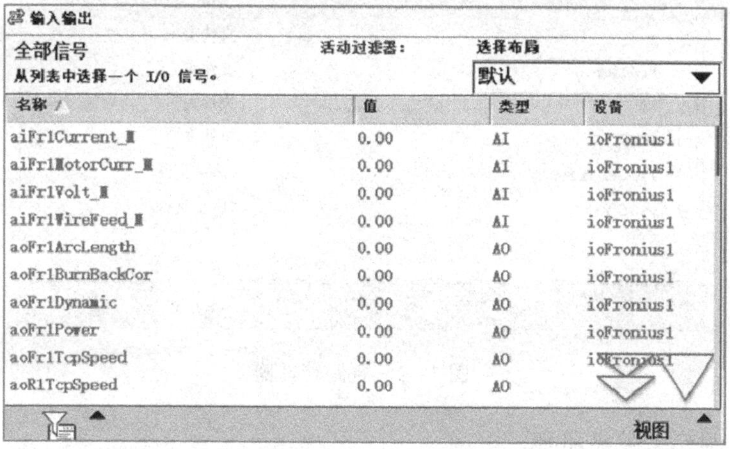

图 1-10 输入输出

（3）手动操纵。手动操纵是机器人手动控制窗口，最常用的功能还可在"快速设置"菜单中调用，界面如图 1-11 所示。

（4）资源管理器。类似 Windows 资源管理器，资源管理器也是一个文件管理器，通过它查看控制器上的文件系统。可以重新命名、删除或移动文件和文件夹，如图 1-12 所示。

① 简单视图：单击后可在文件窗口中隐藏文件类型。

② 详细视图：单击后可在文件窗口中显示文件类型。

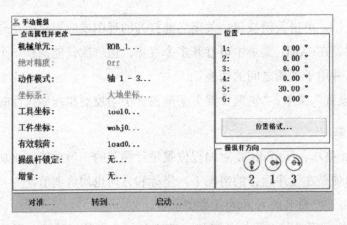

图 1-11　手动操纵

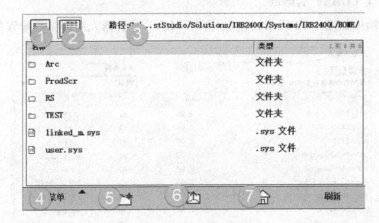

图 1-12　资源管理器

③ 路径：显示文件夹路径。

④ 菜单：单击显示文件处理的功能。

⑤ 新建文件夹：单击可在当前文件夹中创建新文件夹。

⑥ 向上一级：单击进入上一级文件夹。

⑦ Home：单击回到 Home 文件夹。

（5）运行时窗口如图 1-13 所示，在窗口中可查看程序运行时的程序代码。

（6）程序数据如图 1-14 所示。程序数据视图包含用于查看和使用数据类型和实例的功能。可以同时打开一个以上的程序数据窗口，在查看多个实例或数据类型时，此功能非常有用。

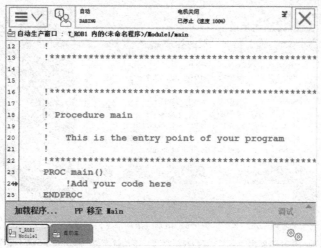

图 1-13　运行时窗口

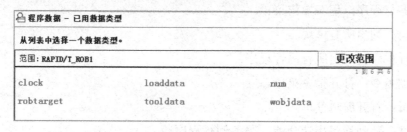

图 1-14　程序数据

① 更改范围：更改列表中数据类型的范围。

② 显示数据：显示所选数据类型的实例。

③ 查看：显示所有或已使用的数据类型。

④ 过滤器：过滤实例。

⑤ 新建：新建所选数据类型实例。

⑥ 编辑：编辑所选实例。

⑦ 刷新：刷新实例列表。

⑧ 查看数据类型：返回到程序数据菜单。

（7）程序编辑器。可在程序编辑器中创建或修改程序。可以打开多个程序编辑器窗口，安装了 Multitasking 选件时，此功能非常有用。

任务栏中的程序编辑器按钮会显示任务的名称，如图 1-15 所示。

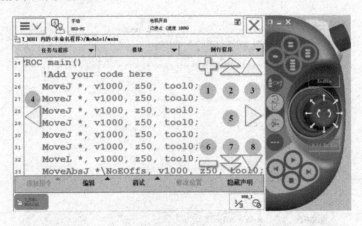

1—放大文本；2—向上滚动（滚动幅度为一页）；3—向上滚动（滚动幅度为一行）；4—向左滚动；5—向右滚动；6—缩小（缩小文本）；向下滚动（滚动幅度为一页）；7—向下滚动（滚动幅度为一页）；8—向下滚动（滚动幅度为一行）

图 1-15　程序编辑器

① 任务与程序：程序操作菜单。

② 模块：列出所有模块。

③ 例行程序：列出所有例行程序。

④ 添加指令：打开指令菜单。

⑤ 编辑：打开编辑菜单。

⑥ 调试：移动程序指针功能、服务例行程序等。

⑦ 修改位置：使用手动控制来修改位置。

⑧ 隐藏声明：隐藏声明使程序代码更容易阅读。

5. 控制面板

控制面板包含自定义机器人系统和示教器的功能，如图 1-16 和表 1-8 所示。

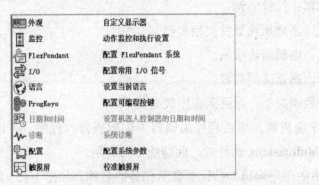

图 1-16　控制面板

表1-8　控制面板

名　称	备　注
外观	自定义屏幕亮度的设置
监控	动作监控设置和执行设置 修改碰撞检测等级，电机改为关机才能激活改动
FlexPendant	操作模式切换和用户授权系统（UAS）视图配置
I/O	配置常用I/O列表的设置
语言	机器人控制器当前语言的设置
ProgKeys（预设按键）	FlexPendant四个可编程按键的设置
日期和时间	机器人控制器的日期和时间设置
配置	系统参数的配置
触摸屏	触摸屏重新校准设置

6．备份与恢复

（1）备份。选择备份与恢复，单击"备份当前系统"按钮，如图1-17和图1-18所示。

图1-17　单击"备份当前系统"按钮

图1-18　输入备份文件夹的名称和选择备份路径

（2）恢复。选择备份与恢复，单击"恢复系统"按钮，如图1-19和图1-20所示。

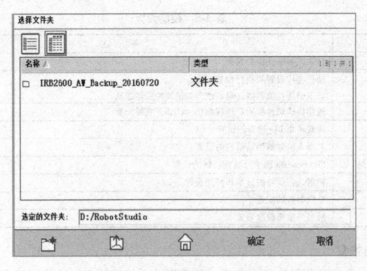

图 1-19　选择要恢复的文件夹

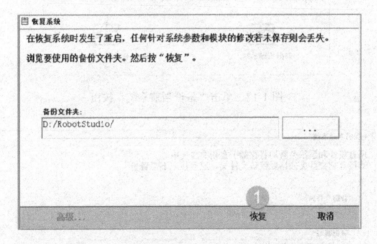

图 1-20　恢复

① 程序下载到控制器。更新的程序文件夹复制到 U 盘（不要包含中文字符）。

② U 盘插入机器人控制柜中的 USB 接口。

③ 在示教器上单击主菜单的"FlexPendant 资源管理器"，如图 1-21 所示。

④ 把 U 盘中的文件夹复制到控制器的内部存储器中。

⑤ 单击主菜单的"程序编辑器"，选择"任务与程序""文件""加载程序…"命令，在弹出的对话框中单击"不保存"按钮。找到含有新程序的文件夹（*.pgf 文件），单击"确定"按钮，如图 1-22 所示。

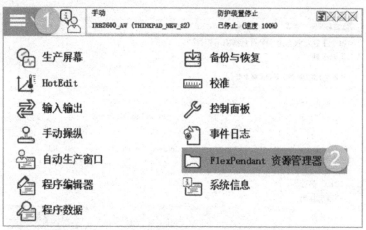

图 1-21 FlexPendant 资源管理器菜单

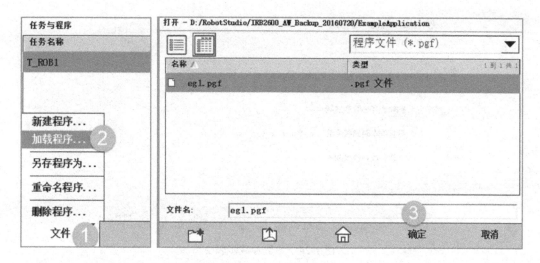

图 1-22 加载文件

（3）参数加载。

① 单击"主菜单"→"控制面板"→"配置"→"文件"→"加载参数…"→"确定"按钮，如图 1-23 和图 1-24 所示。

② 找到含有新程序的文件夹，选中 eio.cfg 文件，热启动控制器。

7．校准

校准菜单用于校准机器人系统中的机械装置，如图 1-25 和图 1-26 所示。

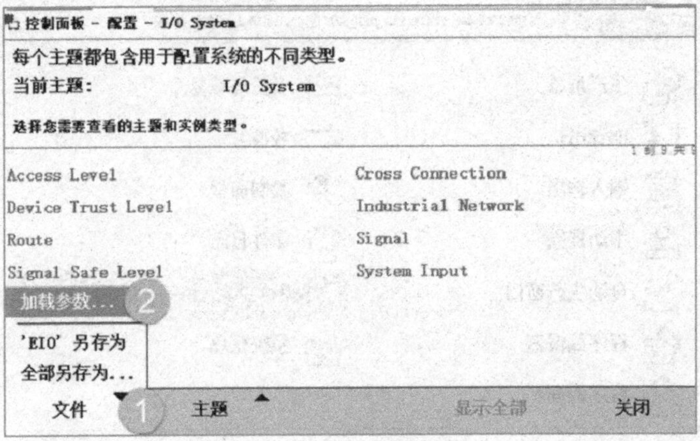

图 1-23　参数加载步骤 1

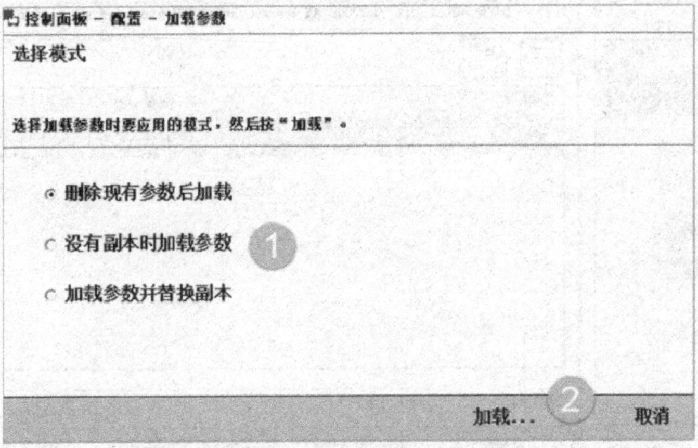

图 1-24　参数加载步骤 2

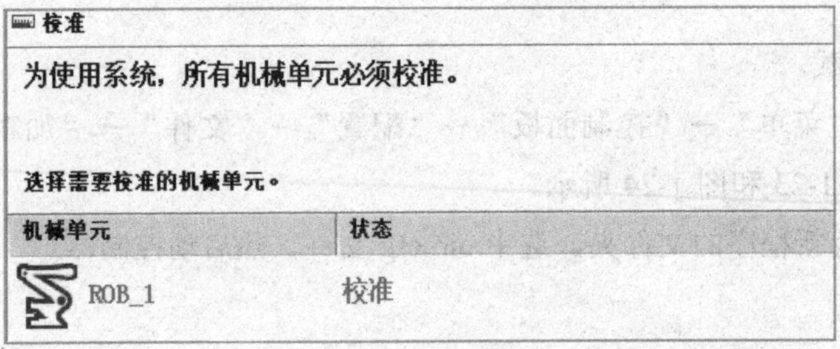

图 1-25　校准

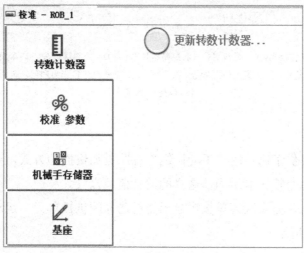

图 1-26　更新转数计数器

8．重启

进入 ABB 工业机器人示教器中的菜单，然后单击 Restart 重新启动系统，如图 1-27 所示。

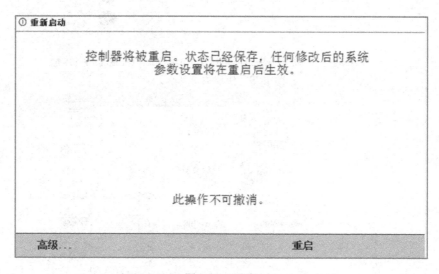

图 1-27　重启

9．状态栏

状态栏会显示当前状态的相关信息，如操作模式、系统、活动机械单元，如图1-28所示。

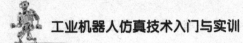

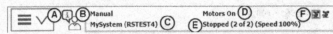

A—操作员窗口；B—操作模式；C—系统名称（和控制器名称）；D—控制器状态；E—程序状态；F—机械单元。

选定单元（以及与选定单元协调的任何单元）以边框标记，活动单元显示为彩色，而未启动单元则呈灰色

图 1-28　状态栏

10．快速设置

快速设置菜单提供了比使用"手动操纵"视图更加快捷的方式，可在各个微动属性之间切换。菜单上的每个按钮显示当前选择的属性值或设置。

在手动模式中，快速设置菜单按钮显示当前选择的机械单元、运动模式和增量大小，如图 1-29 和图 1-30 所示。

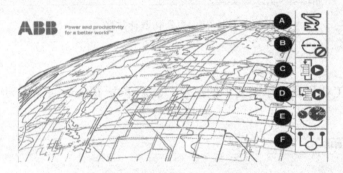

A—机械单元；B—增量；C—运行模式；D—单步模式；E—速度；F—任务

图 1-29　快速菜单（一）

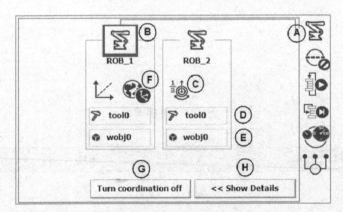

A—机械单元；B—机械单元；C—运动模式设置；D—工具设置；E—工件设置；F—坐标系设置；

G—协调及更多设置；H—显示详细信息

图 1-30　快速菜单（二）

11. FlexPendant 个性化

可以个性化配置 FlexPendant 以下各项：

（1）改变窗口和对话框中使用的语言；

（2）改变显示器的亮度和对比度；

（3）将 FlexPendant 设置为左手使用或右手使用；

（4）配置视图启动程序；

（5）重新校准触摸屏；

（6）配置预设按键；

（7）配置常用 I/O 列表；

（8）更改背景图像；

（9）改变日期和时间。

12. 手动控制

在手动模式下（但不能在程序执行时），手动控制就是手动定位或移动机器人或外轴。在手动模式下，工具中心点按选定坐标系的方向移动。选定的动作模式和坐标系确定了机器人移动的方式。机器人手动模式有 3 种：单轴模式、线性模式、重定位模式，如图 1-31 所示。

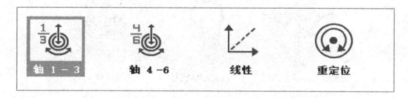

图 1-31 手动模式

1）单轴模式

在单轴模式下，一次只能移动一根机器人轴，因此，很难预测工具中心点将如何移动。附加轴只能进行单轴运动控制，可设计为进行某种线性动作或旋转（角）动作的轴。线性动作用于传送带，旋转动作用于各种工件操纵器，不受选定的坐标系影响。

2）线性模式

在每个机械单元中，系统将对线性动作模式默认使用基坐标系。

3）重定位模式

在每个机械单元中，系统将对重定位动作模式默认使用工具坐标系。

微控制器就是以熟练掌握机器人轴的控制为前提，使用示教器操纵杆手动定位或移动机器人各轴或外轴。

ABB 工业机器人的操纵杆类似于汽车的油门，机器人手动速度与操纵杆的扳动或旋转的幅度相关。

（1）扳动或旋转的幅度越小，则机器人运行速度越慢。

（2）扳动或旋转的幅度越大，则机器人运行速度越快。

在手动操作机器人时，尽量小幅度操纵操纵杆，机器人在慢速状态下运行可控性较高。

1.2.5　本体

1. ABB 工业机器人本体类型

ABB 工业机器人本体类型如图 1-32 所示。

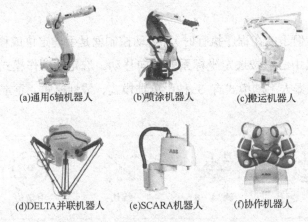

| (a)通用6轴机器人 | (b)喷涂机器人 | (c)搬运机器人 |

(d)DELTA并联机器人　(e)SCARA机器人　(f)协作机器人

图 1-32　ABB 工业机器人本体类型

本体是机器人实际用于工作部分，大部分 ABB 工业机器人本体都有 6 个轴，如图 1-33 所示。

（1）机械手是由 6 个转轴组成的空间 6 杆开链机构，理论上可达到运动范围内任何一点。

（2）每个转轴均带有一个齿轮箱，机械手定位精度（综合）达±0.05～±0.2mm。

（3）6 个转轴均由 AC 伺服电动机驱动，每个电动机后均有编码器与刹车。

（4）机械手带有串口测量板（SMB），使用电池保存电动机数据。

（5）机械手带有手动松闸按钮，维修时使用，非正常使用会造成设备损伤或人员伤害。

（6）机械手带有平衡气缸或弹簧。

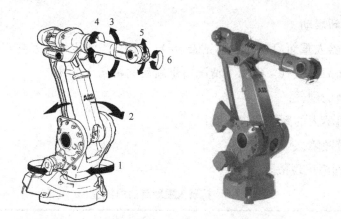

图 1-33　机器人的 6 个轴

2．机器人本体典型结构

本体的典型结构如图 1-34 所示。

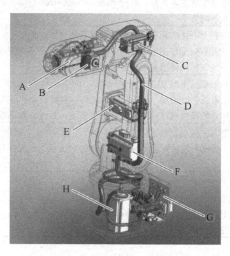

A—第 6 轴电动机；B—第 5 轴电动机；C—第 4 轴电动机；D—电缆线束；
E—第 3 轴电动机；F—第 2 轴电动机；G—底座及线缆接口；H—第 1 轴电动机

图 1-34　本体的典型结构

3．正确开/关机

（1）开机。在确认输入电压正常后，打开电源开关。

（2）关机。在示教器的"重新启动"菜单中选择"关机"命令关闭电源开关。

注意：关机后再次开机时，中间必须等待两分钟。

4．机器人重新启动

ABB 工业机器人重新启动的类型见表 1-9。ABB 工业机器人系统可以长时间无人操作，无须定期重新启动运行，但以下情况需重新启动机器人系统：

（1）安装了新的硬件；

（2）更改了机器人的系统配置参数；

（3）出现系统故障；

（4）RAPID 程序出现故障。

表 1-9　机器人重新启动的类型

类　型	说　明
关机	关闭主机
热启动	使用当前的设置重新启动当前系统； 停止当前系统； 所有系统参数及程序被保存到 image 文件； 在重启过程中系统状态被恢复，启动 static 和 semistatic 任务，程序从程序指针停留的位置启动； 激活改变的系统配置
B-启动	重启并尝试回到上一次的无错状态，当出现系统故障时使用； 当前系统由于关机时无法正确保存 image 文件，而导致系统处于系统失败状态，B-start 可以让系统以最近一次成功关机时保留的系统数据来启动系统
P-启动	重启并将用户加载的 RAPID 程序全部删除； P-启动可以让系统得以恢复，但手动装载的程序和模块除外，所有的 static 和 semistatic 任务都将从头开始执行，所有的模块都将按系统配置重新装载，系统参数不变
I-启动	重启并将机器人系统恢复到出厂状态； I-启动之后，系统将恢复到刚刚装好系统时的默认状态，对系统参数或其他设置所做的任何修改都将丢失
X-启动	重启并选择另外一个系统； 当前系统停止运行； 所有程序及系统参数可以保存到 image 文件，以后可以恢复； 可以选择其他系统启动

任务实施

本节任务实施见表1-10和表1-11。

表 1-10 认识 ABB 工业机器人任务书

姓　　名		任务名称	认识 ABB 工业机器人
指导教师		同组人员	
计划用时		实施地点	
时　　间		备　　注	

任务内容
1. 认识 ABB 工业机器人的优势。 2. 掌握 IRC5 系统结构。 3. 掌握 ABB 工业机器人的伺服驱动系统。 4. 掌握示教器和本体。

考核项目	描述 ABB 工业机器人的优势
	描述 IRC5 系统结构
	描述 ABB 工业机器人的伺服驱动系统
	描述示教器和本体

资　　料	工　　具	设　　备
教材		

表 1-11 认识 ABB 工业机器人任务完成报告

姓 名		任务名称	ABB 工业机器人
班 级		同组人员	
完成日期		实施地点	

1．描述 ABB 工业机器人有哪些特点？

2．IRC5 控制器由哪几部分组成？

3．ABB 工业机器人重新启动有几种类型？在什么情况下需重新启动机器人系统？

4．触摸屏组件有哪些？各有什么作用？

任务评价

本章任务评价见表 1-12。

表 1-12　任务评价表

任务名称	认识工业机器人				
姓　名		学　号			
任务时间		实施地点			
组　号		指导教师			
小组成员					
检查内容					
评价项目	评价内容		配分	评价结果	
				自评	教师
资讯	1. 明确任务学习目标		5		
	2. 查阅相关学习资料		10		
计划	1. 分配工作小组		3		
	2. 小组讨论考虑安全、环保、成本等因素，制订学习计划		7		
	3. 教师是否已对计划进行指导		5		
实施	准备工作	1. 了解工业机器人常见的五大应用	4		
		2. 掌握工业机器人品牌	4		
		3. 掌握工业机器人优点	4		
		4. 了解 ABB 工业机器人的优势	4		
		5. 掌握 IRC5 系统结构	4		
		6. 掌握 ABB 工业机器人的伺服驱动系统	4		
		7. 掌握 ABB 工业机器人示教器和本体	6		
	技能训练	1. 能简述工业机器人常见的五大应用和品牌	5		
		2. 能简述工业机器人的优点和 ABB 工业机器人的优势	5		
		3. 能够正确使用示教器，进行各项基本操作	10		
		4. 能够独立完成 ABB 工业机器人的重启操作	10		
安全操作与环保	1. 工装整洁		2		
	2. 遵守劳动纪律，注意培养一丝不苟的敬业精神		3		
	3. 严格遵守本专业操作规程，符合安全文明生产要求		5		
总结	你在本次任务中有什么收获： 反思本次学习的不足，请说说下次如何改进。				
综合评价（教师填写）					

第2章

RobotStudio 软件介绍

本章介绍 ABB RobotStudio 软件的安装与功能菜单。

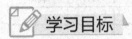 **学习目标**

知识目标

（1）了解 RobotStudio 软件；

（2）了解 RobotStudio 软件获取的方法；

（3）掌握 RobotStudio 软件安装的方法；

（4）熟悉 RobotStudio 功能菜单。

技能目标

（1）能简述 RobotStudio 软件的功能；

（2）能获取 RobotStudio 软件；

（3）能安装 RobotStudio 软件；

（4）能掌握 RobotStudio 功能菜单。

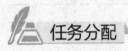 **任务分配**

2.1　ABB RobotStudio 软件获取以及安装

2.2　ABB RobotStudio 软件功能菜单

2.1　ABB RobotStudio 软件获取以及安装

本节介绍 ABB RobotStudio 软件获取以及安装。

 知识准备

2.1.1　RobotStudio 简介

　　RobotStudio 软件是 ABB 工业机器人公司推出的一款机器人离线编程与仿真的计算机应用程序，其独特之处在于它下载到实际机器人控制器的过程中没有翻译阶段。该软件第一版发布于 1988 年，它使用图形化编程、编辑、调试机器人系统来操作机器人，并模拟优化现有的机器人程序。它不仅可供学习机器人性能和应用的相关知识，还可用于远程维护和故障排除。

　　RobotStudio 准确离线编程关键是虚拟机器人技术，同样的代码运行在 PC 和机器人控制器上。因此，当代码完全离线开发时，它可以直接下载到控制器，缩短了将产品推向市场的时间。RobotStudio 第 5 版具有使用多个虚拟机器人同时运行的功能，且支持 IRC5 控制的多机器人控制。

　　RobotStudio 与机器人之间的关系如图 2-1 所示。

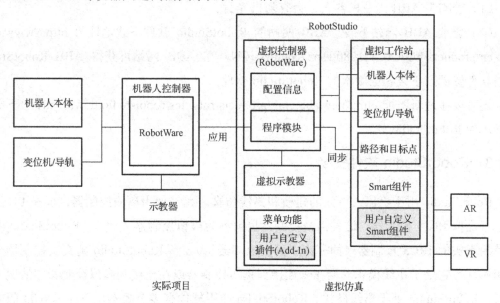

图 2-1　RobotStudio 与机器人之间的关系

RobotStudio 特征功能见表 2-1。

表 2-1　RobotStudio 特征功能

在线监视器	仿　真
示教器查看器	I/O 仿真器
仿真录像	工作站查看窗口的仿真节拍
碰撞监控仿真	管理设备列表
从布局创建系统	RAPID 分析工具（日志文件）
创建外轴向导（Externalaxiswizard）	配置编辑器
仿真机器人手动关节运动/线性运动	查看机器人目标
机器人可达性分析	标记
MultiMove 向导（设置、创建路径、测试等）	TCP 跟踪
支持 3D 鼠标	创建输送链
集成视觉	显示机器人工作区域
几何体的连接	……

2.1.2　RobotStudio 软件获取

RobotStudio 软件版本有 6.06.01SP1、6.05SP1、6.05、6.04.01、6.04、6.03.02、6.03、6.02.01、6.02、6.01.01、6.00.01、5.61.02、5.15.02 等。

可通过如下两种途径获得 ABB RobotStudio 软件。

（1）若购买 ABB 工业机器人，会有随机光盘。

（2）登录 ABB 网站下载。ABB 网站的 RobotStudio 软件下载地址为 http://www.abb.com.cn/product/zh/9AAC111580.aspx?country=CN，在 ABB 网站可获得 ABB RobotStudio 应用软件资源，下载相应版本的 RobotStudio 软件。

还可以在最新网址 http://new.abb.com/products/robotics/robotstudio/downloads 中下载对应版本的 RobotStudio 软件。

2.1.3　RobotStudio 软件安装

RobotStudio 用于机器人单元的建模和离线仿真。允许使用离线控制器，即在 PC 上本地运行虚拟 IRC5 控制器，这种离线控制器也被称为虚拟控制器（VC）。RobotStudio 还允许使用真实的 IRC5 控制器（简称为"真实控制器"）。当 RobotStudio 随真实控制器一起使用时，称它处于在线模式。当在未连接到真实控制器或在连接到虚拟控制器的情况下使用时，RobotStudio 处于离线模式。RobotStudio 应用软件有多个版本，下面以 6.03 版本的安装为例介绍 RobotStudio 应用软件的安装步骤。

RobotStudio 6.03 必须安装在 Windows 7 或之后的 Windows 版本中，安装方法与其他 Windows 应用软件安装方法类似，提供以下安装选项。

（1）完整安装。

（2）自定义安装：允许用户自定义安装路径并选择安装内容。

（3）最小化安装：仅允许以在线模式运行 RobotStudio。

具体操作步骤如下：

（1）解压 RobotStudio_6.03.01.zip 文件；

（2）运行"setup.exe"文件；

（3）选择语言类型，单击"确定"按钮；

（4）在弹出的对话框中单击"下一步"按钮，如图 2-2 所示。

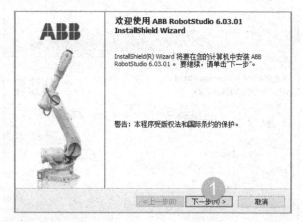

图 2-2　RobotStudio 6.03 安装向导

（5）如在下一页面继续点击"下一步"，则默认安装到 C 盘中。如需更改安装路径，则单击"更改"按钮，选择安装目录（目录不能含有中文）。

（6）默认"完整安装"，如图 2-3 所示。

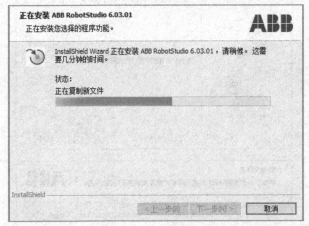

图 2-3　安装

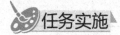任务实施

本节任务实施见表 2-2 和表 2-3。

表 2-2　ABB RobotStudio 安装任务书

姓　　名		任务名称	ABB RobotStudio 安装
指导教师		同组人员	
计划用时		实施地点	
时　　间		备　　注	
任务内容			

1．了解 ABB RobotStudio 简介。

2．了解 ABB RobotStudio 的获取方法。

3．掌握 ABB RobotStudio 的安装方法

考核项目	描述 ABB RobotStudio 软件
	描述 ABB RobotStudio 的获取方法
	下载最新 ABB RobotStudio 软件并进行安装

资　　料	工　　具	设　　备
教材		

表 2-3　ABB RobotStudio 安装任务完成报告

姓　　名		任务名称	ABB RobotStudio 安装
班　　级		同组人员	
完成日期		实施地点	

1．操作题

下载 ABB RobotStudio 6.03 软件并进行安装。

2．单选题

（1）最新版 RobotStudio 的下载网址是？（　　　）

A. www.robotstudio.com

B. www.abbrobot.com

C. www.ABB RobotStudio.com

（2）RobotStudio 6.03 对计算机操作系统的要求？（　　　）

A. Windows XP 及以上

B. Windows 7 及以上

C. Windows 2008 及以上

（3）RobotStudio 6.03 首次安装可获得多久全功能免费试用期？（　　　）

A. 7 天

B. 15 天

C. 30 天

3．简答题

ABB RobotStudio 软件有哪些功能？

2.2　ABB RobotStudio 软件功能菜单

本节介绍 ABB RobotStudio 软件功能菜单，其中包括鼠标导航图形窗口和功能区、选项卡和组。

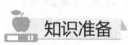

打开 ABB RobotStudio 6.03.01 软件应用程序，系统默认进入新建工作站界面，如图 2-4 所示。

首次运行软件时，要求激活 ABB RobotStudio。如果已经购买许可，可根据实际情况选择激活 ABB RobotStudio，如果暂时还没有许可，可直接单击"取消"按钮。用户仍享有 30 天的全功能试用期，当 ABB RobotStudio 试用期限结束后，部分功能被禁用。

图 2-4　新建工作站界面

1. 鼠标导航图形窗口

工作站视图组合键见表 2-4，RobotStudio 常用的快捷键见表 2-5。

表 2-4　工作站视图组合键

用　　途	组　合　键	描　　述
选择	🖱	单击要选择的项目即可。选择多个项目，按住 Ctrl 键的同时单击新项目
旋转工作站	Ctrl+Shift+🖱	按住 Ctrl+Shift 和鼠标左键的同时，拖动鼠标对工作站进行旋转；如果是三键鼠标，可使用中间键和右键替代键盘组合

续表

用　　途	组 合 键	描　　述
平移工作站	Ctrl+🖱	按住 Ctrl 键和鼠标左键的同时，拖动鼠标对工作站进行平移
缩放工作站	Ctrl+🖱	按住 Ctrl 键和鼠标右键的同时，将鼠标拖至左侧可以缩小，将鼠标拖至右侧可以放大；如果是三键鼠标，可使用中间键替代键盘组合
窗口选择	Shift+🖱	按住 Shift 和鼠标左键的同时，将鼠标拖过该区域，以便选择与当前选择层级匹配的所有项目
窗口缩放	Shift+🖱	按住 Shift 键和鼠标右键的同时，将鼠标拖过放大的区域

表 2-5　RobotStudio 常用快捷键

快 捷 键	功　　能
F1	打开帮助文件
Ctrl+F5	打开示教器
F10	激活菜单栏
Ctrl+O	打开工作站
Ctrl+B	屏幕截图
Ctrl+Shift+R	示教指令
Ctrl+R	示教目标点
F4	添加工作站系统
Ctrl+S	保存工作站
Ctrl+N	新建工作站
Ctrl+J	导入模型库
Ctrl+G	导入几何体

2．功能区、选项卡和组

功能区、选项卡和组如图 2-5 所示，选项卡描述见表 2-6。

图 2-5　功能区、选项卡和组

表 2-6　选项卡描述

	选项卡	描　　述
1	文件	创建新工作站、创造新机器人系统、连接到控制器，将工作站另存为查看器的选项和 RobotStudio 选项
2	基本	搭建工作站，创建系统，编程路径和摆放物体所需的控件

续表

	选项卡	描　　述
3	建模	创建和分组工作站组件，创建实体，测量以及其他 CAD 操作所需的控件
4	仿真	创建、控制、监控和记录仿真所需的控件
5	控制器	用于虚拟控制器（VC）的同步、配置和分配给它的任务的控制措施，还包含用于管理真实控制器的控制措施
6	RAPID	集成的 RAPID 编辑器，后者用于编辑除机器人运动之外的其他所有机器人任务
7	加载项	包含 PowerPacs 控件

2.2.1　文件

选择"文件"选项卡，打开 RobotStudio 软件后台视图，视图中显示当前活动的工作站的信息和元数据，列出最近打开的工作站并提供一系列用户选项（创建新工作站、连接到控制器、保存工作站等）。

1."新建"选项卡

"新建"选项卡含有"空工作站解决方案""工作站和机器人控制器解决方案""空工作站""RAPID 模块文件"及"控制器配置文件"选项。

创建"空工作站解决方案"，如图 2-6 所示。

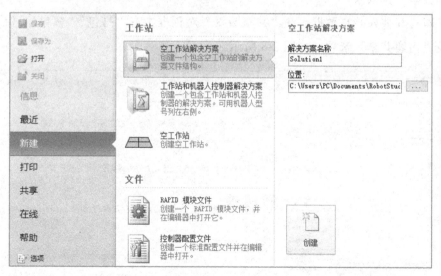

图 2-6　创建"空工作站解决方案"

（1）在"文件"菜单中选择"新建"选项卡。

（2）在工作站中单击"空工作站解决方案"按钮。

（3）在"解决方案名称"文本框输入解决方案的名称，再在"位置"文本框浏览并选择目标文件夹作为保存地址。

（4）单击"创建"按钮，新解决方案将使用指定的名称创建。RobotStudio 默认会保存此解决方案。

创建"空工作站"，如图 2-7 所示。

图 2-7　创建"空工作站"

2. "共享"选项卡

共享即与其他人共享数据，在"共享数据"对话框中有"打包""解包""保存工作站画面"及"内容共享"选项，如图 2-8 所示。

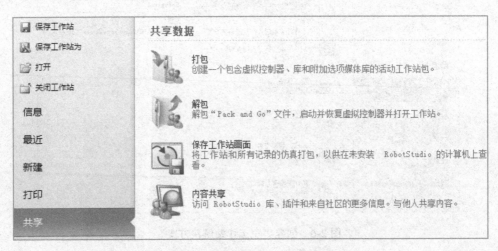

图 2-8　"共享数据"对话框

1）"打包"

创建一个包含虚拟控制器、库和附加选项媒体库的活动工作包。活动工作包方便文件快速恢复、再次分发，并且确保不会缺失工作站的任何组件，可以使用密码保护数据包。

2）"解包"

快速恢复包含虚拟控制器、库和附加选项媒体库。注意，如果被解包的对象与当前选择的版本不兼容，则无法解包。

3．"在线"选项卡

"在线"选项卡含有"连接到控制器""创建并使用控制器列表""创建并制作机器人系统"选项，如图 2-9 所示。

图 2-9　"在线"选项卡

使用"添加控制器"按钮，连接到真实或虚拟控制器。连接到真实控制器，在"控制器"选项卡上单击添加控制器图标旁边的箭头，再根据需要单击下列命令之一。

（1）"一键连接"：连接控制器服务端口。

（2）"添加控制器"：添加网络上可用的控制器。启动并连接到虚拟控制器，在控制器选项卡上单击添加控制器图标旁边箭头，再单击"启动虚拟控制器"按钮。借助一键连接功能，可连接到机器人控制器，即一步连接到服务端口。

4．"外观"选项卡

"外观"选项卡显示有关 RobotStudio 选项的信息，如图 2-10 所示。

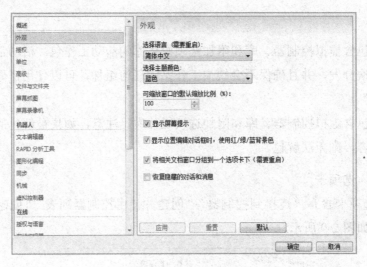

图 2-10 "外观"选项卡

2.2.2 基本

"基本"选项卡包含构建工作站、创建系统、编辑路径，以及摆放物体所需的控件，如图 2-11 和图 2-12 所示。

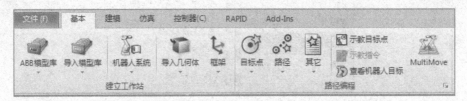

图 2-11 "基本"选项卡（左边）

图 2-12 "基本"选项卡（右边）

1．ABB 模型库

在 ABB 模型库相应的列表中选择所需的机器人、变位机和导轨等，大部分都是软件自带的。

2．导入模型库

在"导入模型库"选项中可以导入设备、几何体、变位机、机器人、工具及其他模型到工作站，如图 2-13 所示。

在"基本"选项卡中选择"导入模型库"，再在下列控件中选择一项（设备、用户库、解决方案库、位置、浏览程序库）。

（1）设备：导入预先定义的 ABB 机械装置库文件。

（2）用户库：选择用户定义的库文件（本书默认软件安装在 C 盘，因此软件自带的几何体目录位于 C:\ProgramFiles(x86)\ABBIndustrialIT\RoboticsIT\RobotStudio6.03\ABBLibrary\TrainingObjects）。

（3）文档：打开文件。

（4）位置：打开文档位置，如图 2-14 所示。

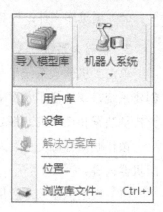

图 2-13　导入模型库

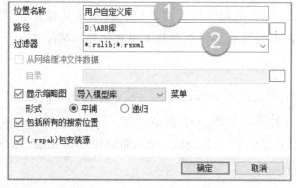

1—名称；2—过滤器；3—文件位置

图 2-14　用户自定义库

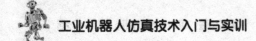

（5）浏览库文件：选择已保存的库文件。

3．机器人系统

单击"机器人系统"按钮，可以选择"从布局""新建系统"或"已有系统"选项来创建系统，或从机器人库中选择系统。从布局创建系统时，所有的机械设备（机器人、轨道传动装置和变位机）都必须保存为库。

按作业任务可将机器人分为搬运机器人、码垛机器人、焊接机器人、涂装机器人及装配机器人等。

（1）搬运机器人：应用于机床上下料、冲压自动化生产线、自动装配流水生产线、码垛搬运及集装箱搬运等。

（2）码垛机器人：应用于纸箱、袋装、啤酒箱等各种包装产品堆放。

（3）焊接机器人：广泛应用于汽车制造业，汽车底盘、座椅骨架、导轨、消声器及液力变矩器等焊接，尤其在汽车底盘焊接生产中得到了广泛的应用。

（4）涂装机器人：广泛用于汽车、仪表、电器、搪瓷等工艺生产。

（5）装配机器人：用于电器制造、电动机、汽车及其部件、3C 产品（计算机、手机、电视、数码影音产品及其相关产业产品）及其组件的装配等。

4．导入几何体

在"基本"选项卡中选择"导入几何体"按钮，再从下列控件中选择"用户几何体""浏览几何体""位置"选项，如图 2-15 所示。

系统自带的几何体目录位于 C:\ProgramFiles(x86)\ABBIndustrialIT\RoboticsIT\RobotStudio6.03\ABBLibrary\TrainingObjects。

图 2-15　导入几何体

5．导出几何体

导出几何体用于组件组、部件、工作站和机械链路。右键单击某个开放组、工作站、部件或机械链路，在弹出的快捷菜单中选择"导出几何体"命令。

在工作站中导出几何体的操作步骤如下：

（1）在"布局"浏览器中，右击"导出几何体"，如图 2-16(a)所示。

（2）在弹出菜单中选择"导出几何体"命令，在弹出的对话框中选择所需的格式，如图 2-16(b)所示。

（3）单击"导出"按钮，选择目标文件夹。

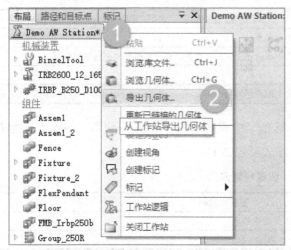

(a)导出几何体　　　　　　　　　　　　　　(b)导出几何体格式

图 2-16　导出几何体界面

几何体在工作站中可以导出的格式见表 2-7。

表 2-7　工作站导出几何体支持的格式

格　　式	描　　述
dxf、svg（2D 格式）	选择此格式可提供两种导出选择，导出不可见对象以及只导出与地板相交的对象。可以配置视图并导出所有对象或仅限接触地面的对象；当选择只导出与地板相交的对象选项时，输入地板高度（mm）值；当视点设置为顶部时，可以将 RobotStudio 功能导出为 2D 地面布局
Dae（3D 格式）	如果选择此格式，会显示"导出不可见对象"复选框，选中可导出工作站的全部不可见对象

不同的组件组、部件和机械链路有不同的受支持导出格式。表 2-8 列出了导出不同元素时的不同支持格式。

表 2-8　导出不同元素时的不同支持格式

元　　素	支　持　格　式
组	COLLADA(dae)
机械链路、部件	ACIS(sat)，IGES(igs，iges)，STEP(stp，step，p21)，VDAFS(vda，vdafs)，Catiav4(model，exp)，COLLADA(dae)，OBJ(obj)，RSGFX(rsgfx)，VRML2

6．框架

（1）创建框架。在"基本"选项卡中单击"框架"按钮，选择"创建框架"或"三点创建框架"选项。表 2-9 列出了框架信息。

表 2-9　框架信息

信　　息	描　　述
参考	选择与所有位置或点关联的参考坐标系
框架位置	单击这些框之一，再在图形窗口中单击相应的框架位置，将这些值传送至框架位置框
框架方向	指定框架方向的坐标
设定为 UCS	选中此复选框，创建的框架设置为用户坐标系

（2）用三点法创建框架。在"基本"选项卡中单击"框架下拉按钮"，选择"三点法创建框架"选项，打开对话框。创建框架方式见表 2-10。

表 2-10　创建框架方式

所选坐标系	要指定的框架
位置	X、Y 和 Z 坐标，X 轴上的点和 XY 平面中的点
三点法	X 轴上的两点和 Y 轴上的一点

选择"三点法"创建框架，使用端点捕捉工具，操作顺序如图 2-17 所示，其中 4、5、6 为端点。

（3）若要框架转换为工作坐标系，可在"布局"浏览器中右键单击新生成的"框架"，将框架转换为工作坐标系。

7．坐标系

坐标系是从固定点（原点）经轴定义平面或空间，用以测量（定位）机器人目标和位置。在机器人系统中使用的坐标系主要有基坐标（Base）、大地坐标（World）、用户坐标、工件坐标、工具坐标（Tool），一般以大地坐标为参考。

1）基坐标系

基坐标系位于机器人基座，且在机器人基座中有相应的原点。在正常配置的机器人系统中，站在机器人的正前方并在基坐标系中手动操作机器人，将控制杆拉向自己一方时，

机器人将沿 X 轴移动；向两侧移动控制杆时，机器人将沿 Y 轴移动；扭动控制杆，机器人将沿 Z 轴移动。在简单应用中，可通过基座坐标系进行编程，如图 2-18 所示。

（1）原点设于工业机器人的第 1 轴中心线与基座安装面的交点处。

（2）XY 平面是基座安装面。

（3）X 轴指向前方。

（4）Y 轴指向左边（从机械臂角度来看）。

（5）Z 轴指向上方。

2）大地坐标系

所有其他的坐标系均与大地坐标系直接或间接相关。大地坐标适用于处理具有若干机器人或外轴的工作站和工作单元。

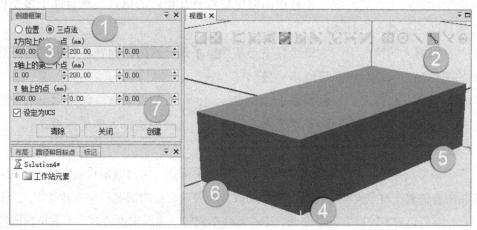

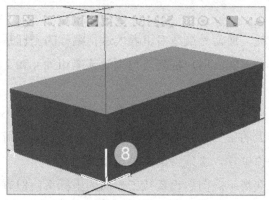

图 2-17　三点创建框架

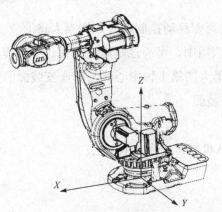

图 2-18　机器人的基坐标

大地坐标系在工作单元或工作站中的固定位置有其相应的原点。这有助于多个机器人或由外轴移动的机器人进行操作。

在单台机器人的情况下，大地坐标系与基坐标系是一致的；而在多台机器人组成的或有外轴的工作站，大地坐标系可能不一致。

例如，有两台机器人，一台垂直于地面安装，另一台倒置安装。如果用倒置安装机器人的基坐标系进行手动控制，则很难预测移动情况，此时应选择大地坐标系。

3）用户坐标系

一个机械臂在各种不同位置的固定设备或工作面中工作，可为固定设备定义一个用户坐标系。若将所有位置在对象坐标中保存，按移动或转动固定设备的情况移动或转动用户坐标系，此时所有已编程位置将随固定设备变动，当必须移动或转动该固定设备时，不需再次编程。

4）工件坐标系

工件坐标与工件相关，通常是最适对机器人进行编程的坐标系。

工件坐标系定义两个框架：用户框架（与大地基座相关）和工件框架（与用户框架相关），如图 2-19 所示。

创建工件可用于简化对工件表面的手动控制。可以创建多个不同的工件，但必须选择一个用于手动操作机器人的工件。使用夹具抓取工件时，有效载荷是一个重要因素。为了尽可能精确地定位和操作工件，必须考虑工件质量。

利用用户坐标系可获得不同固定设备或工作面的坐标系。但有时一台固定设备可能包含几个需要机械臂处理的工件。因此，为了便于在移动工件或需要在另一位置对一个新工件（与前述工件一样）进行编程时调节程序，通常要为所有工件都定义一个坐标系。用户所参照的坐标系就被称为工件坐标系。同时，由于可直接从工件的图纸中找出规定的位置，因此，工件坐标系也适合离线编程。

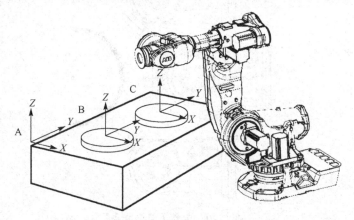

A—用户框架；B—目标框架 1；C—目标框架 2

图 2-19　工件坐标系

工件坐标系是基于用户坐标系而定的。若要移动或转动固定设备，则可通过移动或转动用户坐标系加以弥补，既不需要改动已编程位置，也不需要改动已定义工件坐标系。若要移动或转动工件，则可通过移动或转动工件坐标系加以弥补。

若用户坐标系可移动，则工件坐标系可随用户坐标系一起移动。即使是在操作工作台时，机械臂与工件坐标系也能进行相对运动。

对机器人进行编程时，在工件坐标系中创建目标和路径，有以下优点：

（1）重新定位工作站中的工件时，只需更改工件坐标系的位置，所有路径将随之更新；

（2）允许操作用外轴或传送导轨移动的工件，因为整个工件可连同其路径一起移动。

5）工具坐标系（工具数据）

工具可直接或间接安装在机器人法兰盘上，或安装在机器人工作范围内固定位置上。

工具坐标系（Tool Center Point Fxame，TCPF）定义机器人到达预设目标时所使用工具的位置。它描述安装在机器人末端上工具的工具中心点（Tool Center point，TCP）、重量、重心等参数数据。执行程序时，机器人是将 TCP 移至编程位置，程序中所描述的速度与位置是 TCP 点在对应工件坐标中的速度与位置。

（1）工具中心点。工具中心点（TCP）是机器人定位的参照点。机械臂的位置及其动作与工具中心点（TCP）有关。一般情况下，该点被定义为工具上的某个位置，如喷胶枪的枪口、机械手的中心或手锥的末端等，如图 2-20 所示。

工业机器人仿真技术入门与实训

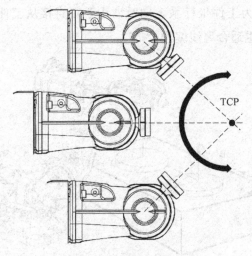

图 2-20 定义工具中心点

机器人系统可定义多个 TCP，但每次运动只存在一个有效 TCP。若已记录一个位置，则该位置即为所记录的工具中心相对于有效工件坐标系的点的位置，同时也是沿给定路径与速率移动的点。

当机械臂抓取一个对象并在某固定工具上工作时，可用固定工具中心点，当该工具已启用时，编程路径和速度都与该对象有关。

（2）TCP 有移动或静止两种基本类型。

移动 TCP：TCP 会随操纵器在空间移动。典型的移动 TCP 可参照弧焊枪的顶端、点焊的中心或是手锥的末端等位置定义。

静止 TCP：某些应用程序中使用固定 TCP，如使用固定的点焊枪。此时，TCP 要参照静止设备而不是移动的操纵器来定义。

（3）工具坐标系将工具中心点设为零位，它会由此定义工具的位置和方向。

执行程序时，机器人将 TCP 移至编程位置。如果更改工具（以及工具坐标系），机器人将以新的 TCP 到达目标位置。

所有机器人在末端都有一个预定义工具坐标系，该坐标系被称为 tool0。其他由用户定义的工具坐标系定义为 tool0 的偏移值。

手动操作机器人时，选择的工具坐标系要方便改变工具的方向。不改变工具方向的，可用 tool0。例如，使用工具坐标系对钻、铣、锯等操作进行编程和调整。

6）TCP 与工件坐标系的联系

TCP 是机器人运动的基准。机器人的工具坐标系是由工具中心点与坐标方位组成的。当机器人夹具被更换时，必须重新定义工具坐标系，否则，改变工具坐标可能会影响机器人的运行安全。

工件坐标系是相对于机器人基准坐标建立的一个新的坐标系，一般把该坐标系原点定义在工件的基准点上，它表示工件相对于机器人的位置。

8. 设置

设置功能组如图 2-21 所示，包括"任务""工件坐标""工具"选项，是编程时的一个重要参考参数。

9. 机器人手动操作

机器人手动操作功能包括移动、旋转、手动关节、手动线性、手动重定位运动及多机器人手动操作，如图 2-22 所示。

1—手动对象参考坐标；2—操作方式

图 2-21　设置　　　　　　　　　图 2-22　机器人手动操作功能

（1）移动。在图形窗口中，选择的组件在水平或垂直方向上移动。

操作方法：选择手动移动中的参考坐标系统，单击移动图标，用鼠标选择方向箭头拖曳，组件根据当前参考坐标系中选中的轴方向进行移动，如图 2-23 所示。

（2）旋转。选择手动移动中的参考坐标系统，单击旋转图标，单击转动环，选择组件，根据当前坐标系进行旋转，在旋转组件时按住 Alt 键，一次旋转移动 10°，如图 2-24 所示。

（3）手动关节，手动控制机器人关节。在布局浏览器中选择机器人，单击手动关节，单击要移动的关节，并将其拖到需要的位置，如果按住 Alt 键拖动时，机器人每次转动 10°，如果按住 F 键，则每次转动 0.1°。

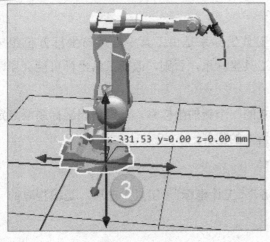

图 2-23　移动

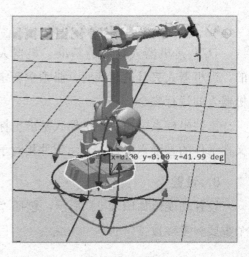

图 2-24　旋转

也可以右键单击"布局"浏览器中的机器人，在弹出的快捷菜单中选择"机械装置手动关节"命令，在弹出的"调节手动关节运动"对话框中设置对应关节的角度值，如图 2-25所示。

-180.00		0.00		180.00	< >
	-65.00	0.00	60.00		< >
	-60.00	0.00	65.00		< >
-200.00		0.00		200.00	< >
-120.00		30.00		120.00	< >
-400.00		0.00		400.00	< >

CFG: 　　　0 0 0 0

TCP: 　1173.70 0.00 1133.01

Step: 　1.00 　deg

外轴

IRBP_A250_D1000_M2009_REV1_01:J1 　　□ 锁定 TCP

-181.00		0.00	181.00	< >

图 2-25　手动关节运动

（4）手动线性运动是指机器人在当前坐标下的直线运动。操作顺序如图 2-26 所示，一个坐标系将显示在机器人 TCP 处，选择其中一个箭头并拖曳，机器人会按照箭头拖曳方向移动。如果按住 F 键时拖曳机器人，机器人以较小的步幅线性移动。或者在布局浏览器窗口中右键单击机器人，选择机械装置手动线性，设定手动线性运动对话框的参数。

（5）手动重定位运动，如图 2-27 所示，单击 TCP 周围显示的定位环，拖动机器人，将 TCP 旋转到所需要的位置。同时按下 Alt 键，则移动步距为 10 个单位，如果按住 F键，则移动步距为 0.1 个单位。对于不同的参考坐标，其定向行为也有所差异。

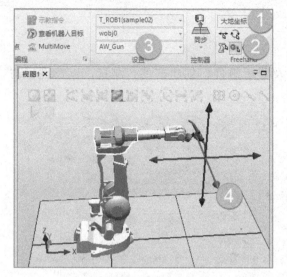

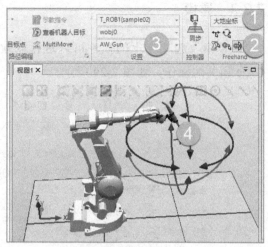

图 2-26　手动线性运动　　　　　　　图 2-27　手动重定位运动

注意：上面所有的机器人运动操作只适用于 RobotStudio 软件中，真实的机器人只能使用示教器操作。

10．图形工具

可选择视图设置、控制图形视图和创建新视图，并显示或隐藏选定的目标、框架、路径、部件和机构，单击图形工具，则在视图选项卡中有视图、导航、标记、光线、剪裁平面、Freehand、关闭等选项，如图 2-28 所示。

(a)图形工具（左边）

(b)图形工具（右边）

图 2-28　图形工具

在进行工具坐标、工件坐标创建时，利用导航中的正面视图、左视图及右视图等，操作更加方便。

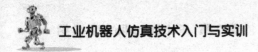

2.2.3 建模

"建模"选项卡上的控件可以进行创建及分组组件、创建部件、测量，以及进行与
CAD 相关的操作，如图 2-29 所示。

(a)创建

(b)CAD 操作、测量、Freehand

(c)机械

图 2-29　建模

```
ACIS 个文件 (*.sat;*.sab;*.asat;*.asab)
IGES 个文件 (*.igs;*.iges)
STEP 个文件 (*.stp;*.step;*.p21)
VDAFS 个文件 (*.vda;*.vdafs)
ProE/Creo 个文件 (*.prt;*.asm;*.prt.*;*.asm.*)
Inventor 个文件 (*.ipt;*.iam)
Catia V4 个文件 (*.model;*.exp;*.session)
Catia V5/V6 个文件 (*.catpart;*.catproduct;*.cgr;*.3dxml)
SolidWorks 个文件 (*.sldprt;*.sldasm)
JT Open 个文件 (*.jt)
Parasolid 个文件 (*.x_t;*.xmt_txt;*.x_b;*.xmt_bin)
DXF/DWG 个文件 (*.dxf;*.dwg)
NX 个文件 (*.prt)
Solid Edge 个文件 (*.par;*.psm;*.asm)
VRML 个文件 (*.wrl)
STL 个文件 (*.stl)
COLLADA 个文件 (*.dae)
OBJ 个文件 (*.obj)
3DS 个文件 (*.3ds)
RSGFX 个文件 (*.rsgfx)
```

图 2-30　导入几何体文体格式

1．创建

使用 RobotStudio 软件进行现场仿真。在
模型精度要求不高的情况下，可用
RobotStudio 软件建模功能，但在要求很精
准、或模型较复杂的情况下，建议使用第三
方软件建模，要求第三方软件所建的模型文
件格式保存为所支持的文件格式，如图 2-30
所示。

创建码垛机器人工作站 3D 模型，步骤如
图 2-31 所示。

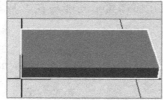

图 2-31　3D 建模

对 3D 模型可进行其他设置，如移动、显示、颜色修改等。

右键单击 3D 模型，在弹出的快捷菜单进行相应的操作。其中，可将当前的 3D 模型保存为 ABB RobotStudio 的库文件，也可直接导出 3D 模型，操作步骤如图 2-32 所示。

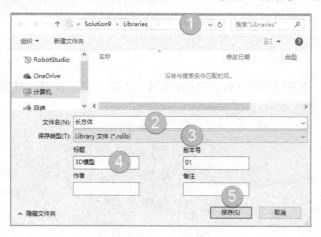

图 2-32　3D 模型保存为库文件

工业机器人仿真技术入门与实训

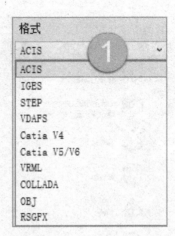

图 2-32　3D 模型保存为库文件（续）

在"建模"选项卡中的导入几何体菜单功能与在"基本"选项卡中的导入几何体菜单功能完全一样，如图 2-33 所示。

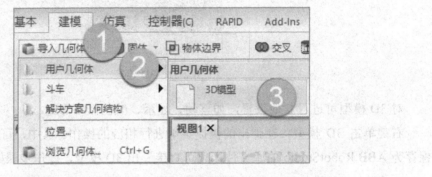

图 2-33　导入几何体

2．测量

使用测量工具（见图 2-34）时，与捕捉工具（见图 2-35）配合，才能达到理想的效果。

图 2-34　测量工具

58

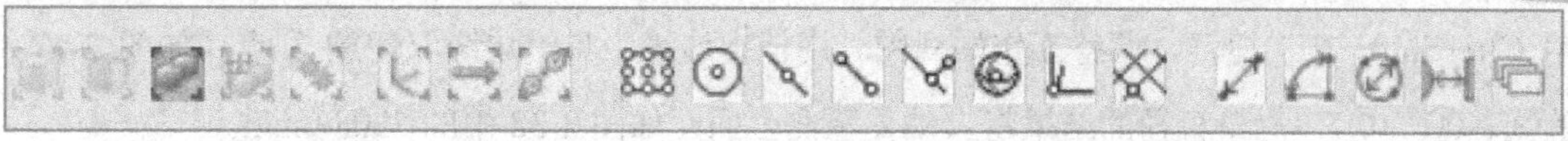

图 2-35　捕捉工具

1）点到点

测量任意两点间的距离，如图 2-36 所示，图中显示点③与点④之间的距离。操作步骤如下：

（1）选择"捕捉末端点"捕捉工具；

（2）选择"点到点"测量工具；

（3）鼠标移动到端点（捕捉到 3D 模型上的点）时，显示为一个小球形状，单击即被选中；

（4）捕捉到下一个点时，两点间距离即被显示。

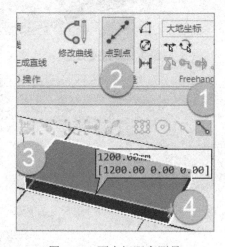

图 2-36　两点间距离测量

2）角度

角度测量。例如，选择"捕捉末端"捕捉工具和"角度"测量工具，捕捉③端点、④端点及⑤端点，图中显示端点⑤到端点③的线与端点③到端点④的线之间的夹角为 90°，如图 2-37 所示。

注意：测量角度值时，先捕捉选择角的顶点，再选两边的点。

3）直径

新建一个直径为 200mm、高度为 300mm 的圆柱体，用测量工具测量新建部件的直径，利用 Ctrl+Shift+ 快捷键，调整工作站视图。用捕捉边缘工具沿边缘取任意 3 点（如图 2-37 中的③、④、⑤），测量直径的结果将自动显示在上面，如图 2-38 中的 200.00mm。

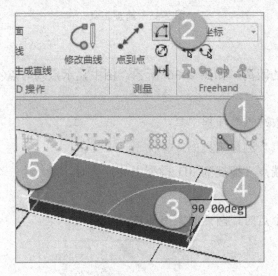

图 2-37　角度测量

 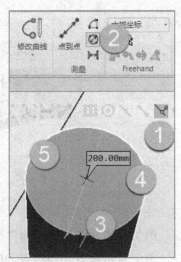

图 2-38　测量直径

4）最短距离

测量长方体和圆柱体两部件之间的最小距离。选择"最短距离"测量工具，选择部件③和④，如图 2-39 所示，图中显示两部件的最短距离为 426.97mm。

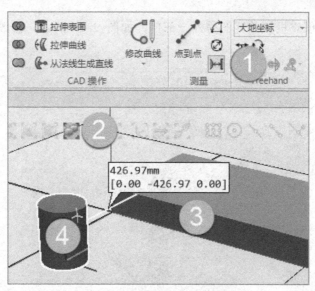

图 2-39　测量部件间的最短距离

3．机械

1）创建机械装置

创建机械装置的部件。创建一个圆柱体，圆柱体参数设置如图 2-40 所示。在"布局"浏览器中右键单击该 3D 模型组件，修改其颜色为黄色，并重命名为"滑环"。

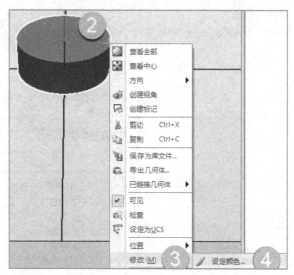

图 2-40　创建圆柱体参数

用同样的方法创建机械装置的另外一部件，如图 2-41 所示，修改其颜色为蓝色，并重命名为"滑杆"。

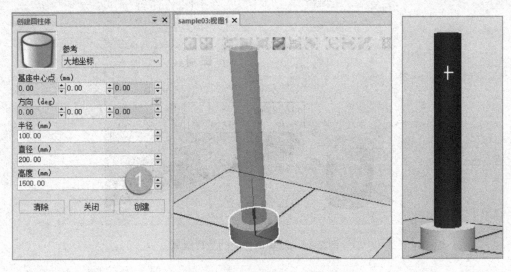

图 2-41　创建"滑杆"部件

创建机械装置操作。在"建模"菜单中单击"创建机械装置"，修改"机械装置模型名称"为"滑杆装置"，"机械装置类型"选择"设备"，如图 2-42 所示。

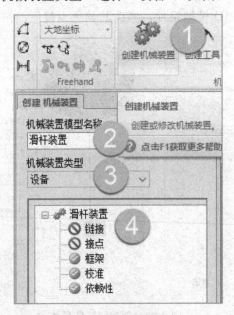

图 2-42　创建机械装置

（1）创建链接。双击图 2-42 中的"链接"，弹出"创建链接"对话框，创建链接的操作顺序如图 2-43 所示。

注意："所选部件"选择滑杆时，要勾选"设置为 BaseLink"复选框，类似于导轨作用。

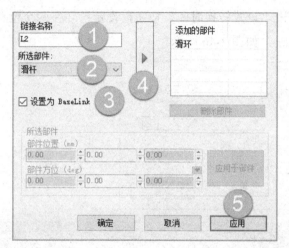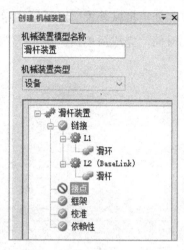

图 2-43　创建链接

（2）创建接点。双击图 2-43 右侧中的"接点"，创建接点的操作方法如图 2-44 所示。在"创建机械装置"窗口中，选择"编译机械装置"，如图 2-45 所示。

图 2-44　创建接点　　　　　　　　　　图 2-45　编译机械装置

63

（3）创建姿态。在"创造机械装置"窗口中，单击"添加"，在"姿态名称"文本框中输入"姿态 1"，添加滑环定位位置的数据，将滑块拖动到关节值为 100 的位置，单击"确定"按钮。

在"创建机械装置"对话框中单击"设置转换时间"按钮，设定滑环在两个位置之间的运动时间，完成后单击"确定"按钮，如图 2-46 所示。

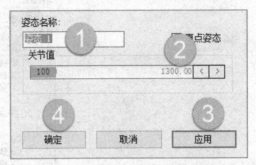

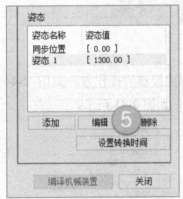 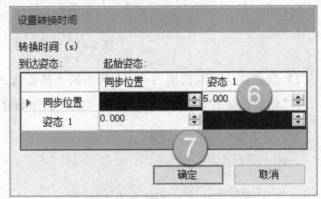

图 2-46　创建姿态

2）机械装置关节测试方法

（1）测试方法一：可在"建模"菜单中选择"手动关节"，用鼠标拖动滑环在滑杆上进行上下移动。

（2）测试方法二：右键单击布局浏览器窗口中的滑杆装置，选择"机械手动关节"，如图 2-47 所示。拖动滑块，观察滑环的位置变化，图中也标示出了滑环的可活动范围为100～1300mm。

3）机械装置保存为库文件

在"布局"浏览器中右键单击"滑杆装置"，在弹出的快捷菜单中选择"保存为库文件"命令，在弹出的对话框中选择保存路径，输入库文件名称、版本号等，保存并退出，如图 2-48 所示。

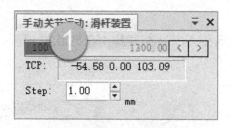

图 2-47　机械关节手动测试

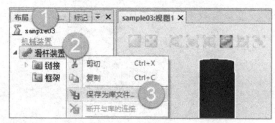

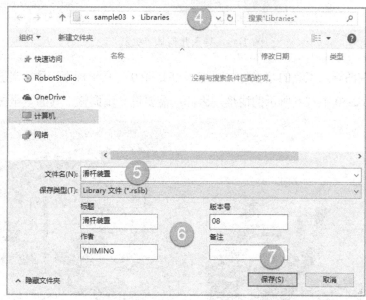

图 2-48　滑杆装置保存为库文件

4. 创建工具

在 RobotStudio 仿真软件模型库中导入的工具能自动安装到机器人第 6 轴的法兰盘

上，并且在工具中具有自身的坐标系。但是，如果机器人法兰末端重新安装了用户自定义的工具，其坐标方向与机器人默认工具可能不一致。对于该情况，需要重新设定工具原点。

示例如下：

创建工作站，在 ABB 模型库中导入 IRB 460 机器人，导入几何体"夹具"，如图 2-49 所示。

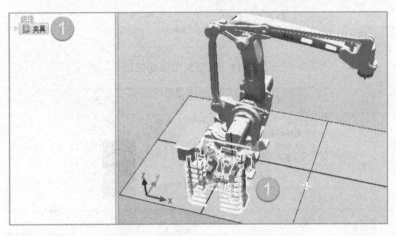

图 2-49　导入几何体"夹具"

图 2-49 中左图导入工具的基坐标与机器人 IRB 460 工具坐标不一致，若直接安装到机器人上，会出现图 2-50 中右侧所示的情形，因此，需要进一步调整工具的基坐标。

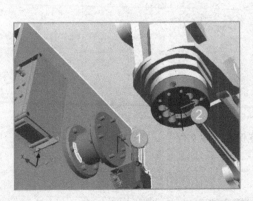
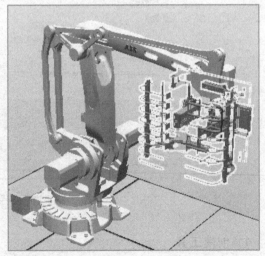

图 2-50　导入工具

重新设定工具本地原点。由图 2-50 可知，导入的工具坐标需要绕 X 方向旋转 $90°$ 才与机器人末端（tool0）坐标一致。

在"布局"浏览器中右键单击"组件"，在弹出的快捷菜单中选择"设定本地原点"命令，参考坐标选择本地，修改参数（本例只需绕 X 方向旋转 $90°$），依次单击"应用"和"关闭"按钮，如图 2-51 所示。

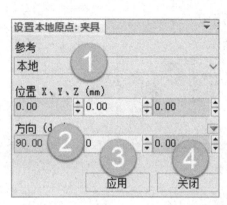
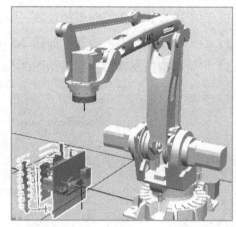

图 2-51　设定本地原点

将工具安装到机器人上，工具水平方向（沿 Z 轴）旋转 $90°$，操作如图 2-52 所示。在"布局"浏览器中右键单击"夹具"，选择位置/旋转，参考坐标选择"本地"，旋转角度（Z 轴 $90°$），依次单击"应用"和"关闭"按钮，退出对话框。

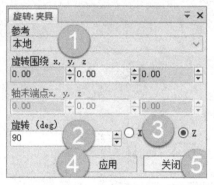
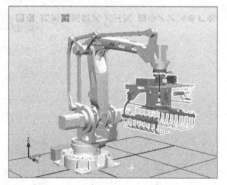

图 2-52　旋转

2.2.4　控制器

"控制器"既用于管理真实机器人，也可用于管理虚拟机器人。RobotStudio 软件具有让用户在 PC 上运行虚拟的 IRC5 控制器的功能，这种离线控制器称为虚拟控制器（VC），既可仿真 IRC5 的大部分功能，也可在线控制机器人控制器。

RobotStudio 还允许使用真实的物理 IRC5 控制器（简称为"真实控制器"），"控制器"选项卡如图 2-53 所示。

"控制器"选项卡上的功能可以分为以下类别：

（1）用于虚拟和真实控制器的功能，如图 2-53(b)所示；

（2）用于真实控制器的功能，如图 2-53(c)所示；

（3）用于虚拟控制器的功能，如图 2-53(d)所示。

(a)添加控制器

(b)控制器工具

(c)控制器配置

(d)虚拟控制器与传送

图 2-53 "控制器"选项卡

1．添加控制器

添加控制器如图 2-53(a)所示，该功能不仅能连接真实机器人，还能连接虚拟机器人，在对真实机器人进行连接时，可以通过指定的 Rj45 端口实现。

在控制器选项卡中单击添加控制器图标下方的三角箭头，然后根据需要单击下列命令之一：

（1）一键连接：连接控制器服务端口；

（2）添加控制器：添加网络上可用的控制器。

1）一键连接

启用该功能时，RobotStudio 会自动通过机器人的服务端口进行连接，无须其他设置。在使用此功能之前，需要执行以下操作：

（1）将计算机连接至控制器服务端口；

（2）确认计算机上有正确的网络设置，DHCP 被启用，指定了正确的 IP 地址。

操作步骤：在控制器选项卡中单击添加控制器图标旁边的箭头，单击"一键连接"按钮。

2）添加控制器

（1）在"控制器"选项卡中单击"添加控制器"按钮，在弹出的对话框中列出所有可用的控制器。

（2）如果该控制器未显示在列表中，则在 IP 地址框中输入 IP 地址，单击"刷新"按钮。

（3）在列表中选择控制器，单击"确定"按钮。

该功能暂不支持虚拟机。

3）从设备列表添加控制器

（1）在"控制器"选项卡中单击"添加控制器"按钮，在弹出的对话框中列出所有可用的控制器。

（2）如果该控制器未显示在列表中，则在远程控制器框中输入其 IP 地址，再单击"添加"按钮。

（3）在列表中选择控制器，单击"确定"按钮。

该功能暂不支持虚拟机。

4）启动虚拟控制器

通过启动虚拟控制器命令，启动和停止虚拟控制器，而无须工作站。在开发 PCSDK 或 RobotWare 插件时，若需使用虚拟控制器作为仿真器，则可以使用启动虚拟控制器命令。当需要使用配置编辑器或 RAPID 编辑器而无须工作站时，也可使用此命令。

若单击"添加控制器"下的"启动虚拟控制器",将会打开"启动虚拟控制器"对话框。在此对话框中,指定以下内容。

(1)在系统库下拉列表中指定 PC 上用于存储所需虚拟控制器系统的位置和文件夹。若要向此列表中添加文件夹,则单击"添加"按钮,再找到并选择要添加的文件夹。若要删除列表中的文件夹,单击"删除"按钮。

(2)找到系统表中列出所选系统文件夹中的虚拟控制器系统。

(3)选中所需的复选框:重置系统、本地登录、自动分配写访问权限。

5)请求写权限

仅用于真实机器人控制器。

6)收回写权限

仅用于真实机器人控制器。

7)用户管理

仅用于真实机器人控制器。

8)重启

重启机器人控制柜。

当对机器人控制器进行了某种操作,只有重启后才会生效时,则需重启。重启菜单功能说明见表 2-11。

表 2-11　重启菜单功能说明

选　　项	描　　述
重置系统	重启控制器后使用当前系统,并恢复默认设置。 这种重启会放弃对机器人配置所进行的更改。当前系统将被恢复到将它安装到控制器上时所处的状态(空系统)。这种重启会删除所有 RAPID 程序、数据和添加到系统的自定义配置
重置 RAPID	用当前系统重启控制器,然后重新安装 RAPID。 这种重启将删除所有 RAPID 程序模块。当对系统进行更改并导致程序不再有效,比如程序使用的系统参数被更改时,这种重启将非常有用
启动引导应用程序	这种重启仅适用于真实控制器。 这种重启将保存当前系统及当前设置,并启动 FlexPendant 上的引导程序,以便选择要启动的新系统。还可以从引导程序配置控制器的网络设置
恢复到上次自动保存状态	这种重启仅适用于真实控制器。 用当前系统和已知的最近正常配置重启控制器。这种重启可将对机器人配置所作的更改恢复到以前的某个正常状态

2．备份

备份要求拥有对控制器具有写入权限，可保存当前状态的所有数据，例如：

（1）在系统中安装的软件和选项信息；

（2）系统主目录和其中的所有内容；

（3）所有机器人系统及模块；

（4）系统中所有配置和校准数据。

操作方法：选择"控制器"选项中的"备份"，选择"创建备份"，输入备份名称（注意，不能有中文字符，否则将不能被识别），选择保存目录。

注意：备份的文件不能随意修改，否则，将不能正确恢复，这里所指的文件备份与工作站打包不同，备份子文件夹描述见表 2-12。

表 2-12　备份子文件夹描述

文　件　夹	说　　明
BACKINFO	包含要从媒体库中重新创建系统软件和选项所需的信息
HOME	包含有系统主目录中的内容的副本
RAPID	为系统程序存储器中的每个任务创建一个子文件夹。每个任务文件夹包含单独的程序模块文件夹和系统模块文件夹
SYSPAR	包含系统配置文件

3．恢复

恢复是备份的一个逆向过程，当操作员对控制器有写入权限，并且具有适当的用户级别登录控制器时，才可对系统进行恢复。

当由备份恢复系统时，当前系统将恢复到执行备份时的系统内容。进行恢复时，当前系统中以下内容将由备份中的内容取代：

（1）系统中所有的 RAPID 程序和模块；

（2）系统中所有配置和校准数据。

4．输入/输出

输入/输出信号说明见表 2-13。

表 2-13　输入/输出信号说明

项　　目	描　　述
名称	显示信号的名称，名称由设备配置确定，不能在 I/O 系统进行改变
类型	信号类型由设备配置确定，不能在 I/O 系统进行改变
值	显示信号的值，双击信号行可编辑值

项　目	描　　述
最小值	显示信号的最小值
最大值	显示信号的最大值
逻辑状态	显示信号的仿真状态。当信号被仿真时，可以指定一个值来覆盖实际信号值。 通过打开/关闭仿真，可以在 I/O 系统改变信号的逻辑状态
单位	显示信号所属的设备。 此项由设备配置确定，不能在 I/O 系统进行改变
总线	定义信号所属的工业网络。 此项由工业网络配置确定，不能在 I/O 系统进行改变
标签	显示在 I/O 配置数据库中定义的信号标识标签

输入/输出信号类型说明见表 2-14。

表 2-14　输入/输出信号类型说明

缩　写	描　　述
DI	数字输入信号
DO	数字输出信号
AI	模拟输入信号
AO	模拟输出信号
GI	组信号，作为一个输入信号
GO	组信号，作为一个输出信号

5. I/O 信号数据编辑器

I/O 信号数据编辑器是一个类似于表格编辑器的工具，用于编辑信号。在此编辑器中，可以添加和删除信号，并可以对信号进行排序。

6. 事件

事件内涵由其背景色表示：蓝色代表信息，黄色代表警告，红色代表错误（需要纠正后才能继续）。在"控制器"选项中的控制器工具组中，单击"事件"，即可查看事件日志。可以对事件日志执行表 2-15 所示的操作。

7. 示教器

在 RobotStudio 中，示教器与真实机器人示教器的功能很接近，能进行很多与真实示教器类似的操作，如定义数据、编写 RAPID 程序、查看事件等。

8. 文件传送

当登录控制器并拥有传输文件的用户权限，计算机和控制器连接至同一网络，或将计算机连接至控制器服务端口时，计算机和控制器之间可传输文件和文件夹，但不支持虚拟机。

表2-15　日志文件

查　看	单击任何事件，可以查看有关此事件的简要说明
自动更新	默认情况下，"自动更新"复选框处于选中状态，因此，所发生的新事件都会显示在列表中。取消沟选此复选框，将禁用自动更新。若再次勾选该复选框，系统将获取并显示此复选框未被选中期间所错过的事件
过滤器	可以按照事件类别或根据所显示细节中的任何文本对事件日志列表进行过滤。要根据任何所需文字来过滤列表，请在文本框中指定。使用类别下拉列表可根据事件类别来进行筛选。事件类别包括 Common（一般）、Operational（操作性）、System（系统）、Hardware（硬件）、Program（程序）、Motion（动作）、I/O&Communication（I/O 通信）、User（用户）、Internal（内部）、Process（过程）、Configuration（配置）及 RAPID
清除	单击清除，可清除当前事件记录。该操作不会影响控制器事件日志，单击提取按钮可重新显示事件日志中记录的事件信息
获取并显示所有事件	要检索并显示当前存储在控制器中的所有事件，请单击获取
保存	要将所选事件类别的事件记录保存到计算机的日志文件中，请单击保存
记录到文件	选择"记录到文件"复选框以允许当前在一般事件日志中的所有事件保存到一个日志文件中。日志文件将被所有新发生的事件更新

9. 配置

1）配置编辑器

配置编辑器如图 2-54 所示，配置文件列表如图 2-55 所示。

图 2-54　配置编辑器

图 2-55　配置文件列表

使用配置编辑器，可以查看或编辑控制器特定主题的系统参数。实例编辑器可以编辑类型实例的详细信息（配置编辑器中的实例列表中的每一行）。配置编辑器可以和控制器直接通信，即在修改完成后可实时将结果应用到控制器。

工业机器人仿真技术入门与实训

使用配置编辑器及实例编辑器可以进行以下操作：

（1）查看类型，实例和参数；

（2）编辑实例和参数；

（3）在主题内复制和粘贴实例；

（4）添加或删除实例。

配置编辑器包含类型名称列表和实例列表。

在类型名称列表中显示所选主题的所有可用配置类型，类型的列表是静态的，静态列表不能添加、删除或重命名类型。

在实例列表中的每一行表示系统参数的一个实例，每列显示了特殊的参数和其在系统参数实例中的值。

配置编辑器有以下选项：

（1）控制器（Controller）；

（2）I/O（I/O System）；

（3）连接（通信 Communication）；

（4）动作（Motion）；

（5）人机连接（Man-machinecommunication）。

2）添加信号

必须拥有对控制器的写入权限才能打开"添加信号"窗口，信号参数见表2-16。

表2-16　信号参数

信号类型	定义信号类型
信号名称	定义一个或多个信号的名称
分配到设备	定义信号所属的设备
信号标签	如有需要，指定信号类型以便分类和存储
信号数目	指定添加信号的数目
起始索引	定义起始信号的索引（数字）
步骤	定义编号增长的步长
设备映射起始	定义信号映射
类别	如有需要，指定信号类型以便分类和存储
访问级别	定义连接在机器人控制器上不同种类 I/O 控制器客户端对 I/O 信号的不同写权限。该字段只有在选中了 Advance（高级）复选框时才有效。并非只能是写权限。选项包括 Internal（内部）、Default（默认）、ReadOnly（只读）、All（全部）

74

默认值	指定起始时 I/O 信号的值
转化物理信号	在信号物理值和系统中的逻辑表示之间转换

3）保存参数

主题配置参数信息可以保存至配置文件，并存储至 PC 或其他网络硬盘中。配置信息可被加载到控制器中，因此，这些配置文件可以作为备份，也可以通过这种方式将配置信息从一个控制器转移到另一个控制器。

操作步骤：单击"保存参数"，可选择部分或全部参数，单击"保存"按钮，选择要保存的文件夹。也可在"控制器"浏览器中右键单击"配置"，在弹出的快捷菜单中选择"保存参数"命令，如图 2-56 和图 2-57 所示。

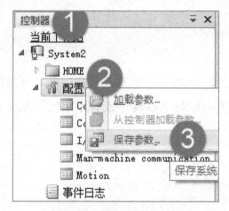

图 2-56　保存参数的方法

图 2-57　保存部分参数

4）加载参数

在"控制器"中选择配置功能组，单击"加载参数"，配置文件选项见表 2-17。

表 2-17　配置文件选项

选　项	说　明
载入前删除现有参数	使用加载配置文件替代所选主题下的所有配置
如果无重复，加载参数	在不修改已存在配置内容的情况下，将加载配置文件中新参数添加至主题下
载入参数，并覆盖重复项	将加载配置文件中新的参数添加到主题下，并使用配置文件中的信息更新已存在的参数值

对控制器有写权限时，可以从系统或者控制器磁盘加载配置文件，如图 2-58 所示，加载配置文件，按系统要求需重启系统。

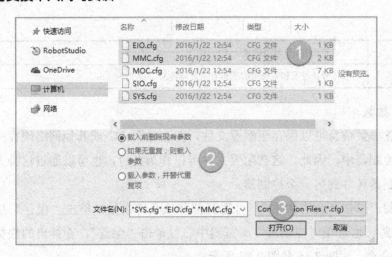

图 2-58　加载配置文件

2.2.5　RAPID

"RAPID"选项卡提供了用于创建、编辑和管理 RAPID 程序的工具和功能。可管理真实控制器上的在线 RAPID 程序、虚拟控制器上的离线 RAPID 程序或者不隶属于某个系统的单机程序，如图 2-59 所示。

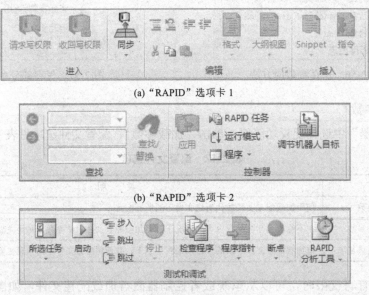

(a) "RAPID"选项卡 1

(b) "RAPID"选项卡 2

(c) "RAPID"选项卡 3

图 2-59　"RAPID"选项卡

1．同步到工作站

（1）在"RAPID"选项卡的访问权限组中，单击同步图标旁边的箭头，再单击"同步到工作站"。

（2）从列表中选择要进行同步的路径。

（3）单击"确定"按钮。

（4）消息（工作站同步已完成）显示在输出窗口中。

2．同步到 RAPID

（1）在"RAPID"选项卡的访问权限组中，单击同步图标旁边的箭头，然后单击"同步到 RAPID"。

（2）在列表中选择要同步的元素。

（3）单击"确定"按钮。

（4）同步到 RAPID 已完成信息将会显示在输出窗口中。

3．测试和调试命令

"RAPID"选项卡上的测试和调试组包含表 2-18 所示的命令。

表 2-18　"RAPID"选项卡上的测试和调试组包含的命令

命　令	描　述
Start（开始）	开始执行系统中的常规 RAPID 任务
Stop（停止）	停止系统中的常规 RAPID 任务
Stepover（跳过）	开始执行系统中一般任务中的一个指令
Stepin（步入）	启动并执行到例行程序，在开始例行程序时停止
Stepout（跳出）	执行当前例行程序中的其余所有语句，然后在调用当前例行程序后停止
断点：忽略断点	在仿真过程中忽略所有断点
断点：切换断点	触发指针指向的断点
检查程序	验证 RAPID 模块的语法和语义正确性

2.2.6　仿真

"仿真"选项卡中包括碰撞监控、配置、仿真控制、监控、信号分析器、录制短片控件，如图 2-60 所示。

1．创建碰撞监控

碰撞集包含两组对象：ObjectA 和 ObjectB，可将对象放入其中以检测两组之间的碰撞。当 ObjectA 内任何对象与 ObjectB 内任何对象发生碰撞时，此碰撞将显示在图形视图中并记录在输出窗口内。可在工作站内设置多个碰撞集，但每一碰撞集仅能包含两组对象。

(a) "仿真" 选项卡 1

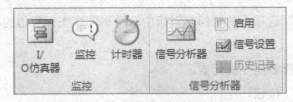

(b) "仿真" 选项卡 2

(c) "仿真" 选项卡 3

图 2-60 "仿真" 选项卡

创建碰撞操作步骤如下：

（1）单击"创建碰撞监控"按钮，在布局浏览器中将显示"碰撞检测设定"；

（2）展开"碰撞检测设定"，将一个对象拖曳至 ObjectsA 进行碰撞检测；

（3）若要用 ObjectsB 节点中的对象（如工具和机器人），检测多个对象之间的碰撞，则将其全部拖曳至 ObjectsA 节点；

（4）将对象拖曳至 ObjectB 节点，以便进行碰撞检测；

（5）若要用 ObjectsA 节点中的对象（如工件和固定装置），检测多个对象之间的碰撞，则将其全部拖曳至 ObjectsB 节点。

选择某个碰撞设置或其下的某个组（对象 A 或对象 B）后，将会在图形窗口和浏览器中显示对应的对象。使用此功能，可以快速查看哪些对象已被添加到碰撞设置或其下的某个组中。

2．仿真设定

"模拟设置"对话框可执行以下两个主要任务：

（1）设置机器人程序的序列和进入点；

（2）为不同的模拟对象创建模拟场景。

要仿真设定，需要满足以下条件：

（1）至少已在工作站内创建一条路径；

（2）要进行仿真的路径已同步到虚拟控制器。

从这个面板可以执行配置程序顺序、程序执行的综合任务（如进入点），以及运行执行模式。

可以创建包含不同仿真对象的仿真场景，可将具有预定义状态的场景进行连接，以确保在运行场景前对所有的项目对象应用正确的状态。若要仿真特定部件或单元的某个部分（未包含单元的所有仿真对象），可以设置一个新场景并只添加需要仿真的对象。

仿真设置面板如图 2-61 所示，仿真面板选项说明见表 2-19。

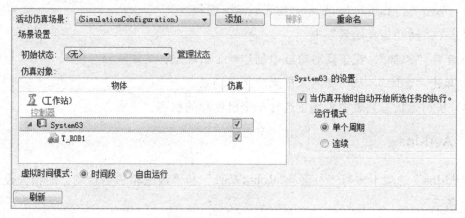

图 2-61　设置仿真面板

表 2-19　仿真面板选项说明

选　项	说　明
活动仿真场景	列出所有活动工作站场景。 添加：单击可添加新场景。 删除：单击可删除选中的场景。 重命名：单击可重命名选中的场景
初始状态	仿真的初始状态
管理状态	打开工作站逻辑面板

工业机器人仿真技术入门与实训

续表

选　　项	说　　明
仿真对象	显示可以加入仿真的所有对象。占用仿真时间的对象都可以加入仿真。例如，虚拟控制器和智能组件。在创建新场景时，默认会选中所有对象
虚拟时间模式	时间段：此选项将 RobotStudio 设为始终使用时间段模式。 自由运行：此选项将 RobotStudio 设为始终使用自由运行模式

设置仿真的步骤如下：

（1）单击"仿真设定"，显示"仿真设定"面板；

（2）在选择激活任务框中选择在仿真时要激活的任务；

（3）选择运行模式连续或单周；

（4）从仿真对象列表选择任务；

（5）从进入点列表选择进入点；

（6）打开 RAPID 程序，可对 RAPID 程序进行编辑。

创建模拟场景的步骤如下：

（1）单击"仿真设定"，显示"仿真设定"面板。

（2）在"活动仿真场景"中：

① 单击"添加"，在仿真对象框中创建一个新场景；

② 单击"删除"，从仿真对象框删除所选场景。

（3）从初始状态列表中为场景选择一个已保存的状态。

2.2.7　Add-Ins

"Add-Ins"选项卡中有"社区""RobotWare"和"齿轮箱热量预测"的相关控件，如图 2-62 所示。

图 2-62　"Add-Ins"选项卡

在计算机已连接网络时，选择"Add-Ins"选项卡，单击"RobotApps"按钮，会出现 RobotWare、RobotWare 插件、RobotStudio 插件、组件与型号和其他选项，用户可根据需要进行在线安装和下载，RobotStudio 插件界面如图 2-63 所示。

视图1	RobotApps ✕

RobotWare　　RobotWare 插件　　RobotStudio 插件　　组件与型号　　其它

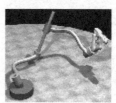

RobotStudio Hose Simulator
AddIn
Henrik Berlin
16MB
2013/2/18
下载

Record COLLADA Animation add-
in for RobotStudio 5.60
Henrik Berlin
159KB
2014/1/16
下载

External Axis Wizard 6.02
Henrik Berlin
840KB
2015/11/4
下载

图 2-63　RobotStudio 插件界面

🎨 任务实施

本节任务实施见表 2-20 和表 2-21。

表 2-20　ABB RobotStudio 软件功能菜单任务书

姓　　名		任务名称	ABB RobotStudio 软件功能菜单
指导教师		同组人员	
计划用时		实施地点	
时　　间		备　　注	
任 务 内 容			

1．掌握图形导航图形窗口。

2．掌握功能区、选项卡和组。

考核项目	描述工作站视图组合键
	描述 RobotStudio 常用的快捷键
	描述 RobotStudio 软件中的功能区、选项卡和组

资　　料	工　　具	设　　备
教材		

表 2-21　ABB RobotStudio 软件功能菜单任务完成报告

姓　　名		任务名称	ABB RobotStudio 软件功能菜单
班　　级		同组人员	
完成日期		实施地点	

简答题

（1）ABB RobotStudio 软件界面的选项卡有哪些？

（2）工作站视图组合键有哪些？各有什么作用？

（3）RobotStudio 常用的快捷键有哪些？各有什么作用？

（4）ABB 工业机器人的坐标系有哪些？各有什么作用？

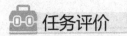

本章任务评价见表2-22。

表2-22 任务评价表

任务名称	认识RobotStudio软件				
姓　名			学　号		
任务时间			实施地点		
组　号			指导教师		
小组成员					
检查内容					
评价项目	评价内容		配分	评价结果	
				自评	教师
资讯	1. 明确任务学习目标		5		
	2. 查阅相关学习资料		10		
计划	1. 分配工作小组		3		
	2. 小组讨论考虑安全、环保、成本等因素，制订学习计划		7		
	3. 教师是否已对计划进行指导		5		
实施	准备工作	1. 了解RobotStudio简介	6		
		2. 掌握RobotStudio软件获取方法	6		
		3. 掌握RobotStudio软件安装方法	6		
		4. 了解鼠标导航图形窗口	6		
		5. 熟悉RobotStudio软件功能菜单	6		
	技能训练	1. 能了解RobotStudio软件	6		
		2. 能查阅ABB官网并获取RobotStudio软件	6		
		3. 会安装RobotStudio软件	6		
		4. 会使用工作站视图组合键和常用的快捷键	6		
		5. 能熟悉RobotStudio软件功能菜单	6		
安全操作与环保	1. 工装整洁		2		
	2. 遵守劳动纪律，注意培养一丝不苟的敬业精神		3		
	3. 严格遵守本专业操作规程，符合安全文明生产要求		5		
总结	你在本次任务中有什么收获？				
	反思本次学习的不足，请说说下次如何改进。				
综合评价（教师填写）					

第3章

RobotStudio 基本操作

本章介绍创建机器人工作站、创建工业机器人系统以及创建重要程序数据。

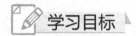 学习目标

知识目标

（1）了解导入机器人模型并调整其位置的具体步骤；

（2）了解工业机器人工具的安装方法；

（3）掌握创建工业机器人系统的方法；

（4）理解和区分输出窗口的不同信息。

技能目标

（1）能创建工业机器人的工作站；

（2）能创建工业机器人系统；

（3）创建和灵活应用工业机器人程序数据。

情感目标

（1）激发学生对本课程的学习兴趣；

（2）增强学生的动手能力，培养学生的团队合作精神；

（3）在技能实践中，促进学生职业素养的养成。

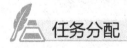 任务分配

3.1　创建机器人工作站

3.2　创建机器人系统

3.3　创建程序数据

3.1　创建机器人工作站

本节介绍创建工作站的基本流程，包括导入部件、调整部件的位置及保存工程文件。

 知识准备

3.1.1　导入部件

1．导入机器人

在"ABB 模型库"中导入 IRB2400 机器人的具体步骤如下：

（1）打开 ABB RobotStudio 6.03.01 软件；

（2）依次选择"文件"→"新建"→"空工作站"→"创建"，如图 3-1 所示；

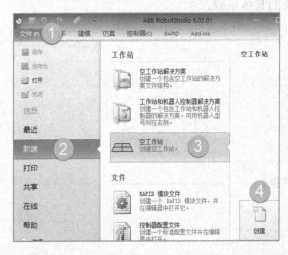
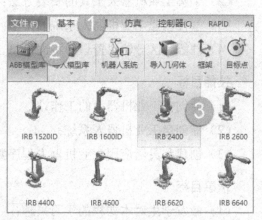

图 3-1　新建空工作站

（3）依次选择"基本"→"ABB 模型库"→"机器人"（IRB 2400），如图 3-2 所示；

（4）选择机器人版本（IRB 2400/10），单击"确定"按钮；

（5）利用快捷键或视图工具，调整工作窗口视图。

2．导入模型库

（1）依次选择"基本"→"导入模型库"→"设备"，在"Training Object"栏中选择工作对象（propeller table），如图 3-3 所示。

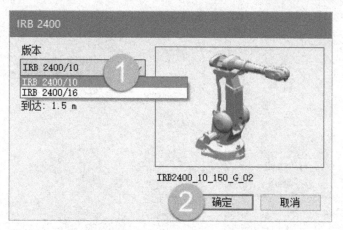

图 3-2　选择机器人版本

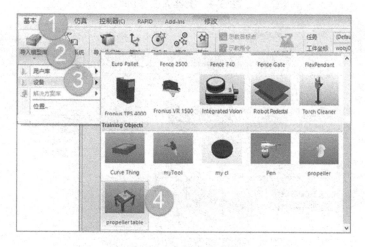

图 3-3　选择工作对象

在布局浏览器中右键单击机器人（IRB2400_10_150_02），选择显示机器人工作区域，调整工作对象（propeller table）至合适位置，如图 3-4 所示。

在操作中，不建议移动机器人本体，如果必须移动，则任务框架也必须移动。

（2）依次选择"基本"→"导入模型库"→"设备"，在 IRC5 控制柜栏中选择控制柜（IRC5 singel-Cabinet），如图 3-5 所示。在 RobotStudio 软件中，控制柜只具备视觉意义（如机器人工作站布局等），不具备电气特性。

（3）删除控制柜，在布局浏览器中右键单击控制柜（IRC5 singel-Cabinet），在弹出的快捷菜单中选择"删除"命令。

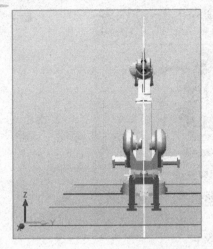
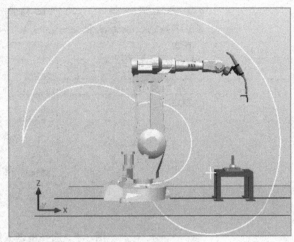

图 3-4　机器人工作区

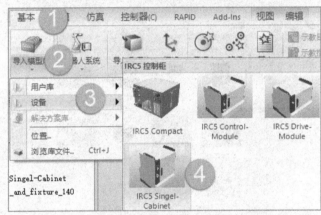

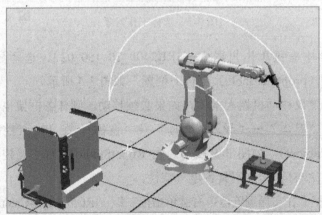

图 3-5　机器人工作站

3．导入工具

（1）依次选择"基本"→"导入模型库"→"设备"，在"工具"栏中选择工具（AW Gun PSF 25），如图 3-6 所示。

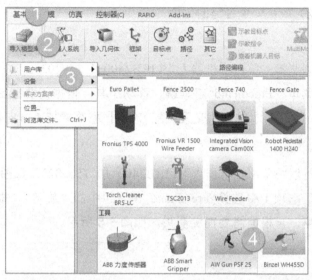

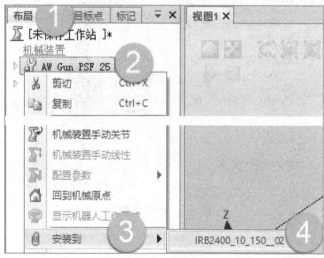

图 3-6　选择工具

（2）在布局浏览器中右击工具（AW_Gun_PSF_25），单击安装到"IRB2400_10_150_02"。或直接在局部窗口中将工具（AW_Gun_PSF_25）拖曳到机器人（IRB2400_10_150_02）上，在更新位置对话框中选择"是"。

3.1.2 调整部件的位置

调整工作区视图（旋转、平移等）。利用移动工具，调整导入部件的位置，将工作台（table）、盒子（Box）放在一个合适的位置。

1．移动

（1）选择布局浏览器，单击"机器人"（IRB2400_1_150_02）。

（2）选择基本菜单、Freedhand 工具组、移动工具，根据需要拖曳方向箭头。或者单击机器人基座（如图 3-7 所示的箭头交叉位置），再根据需要拖曳方向箭头。

2．旋转

（1）在布局浏览器中单击"机器人"（IRB2400_10_150_02），如图 3-7 所示。

（2）在"基本"选项卡中选择 Freedhand 工具组中的"旋转"，根据需要拖曳箭头。或者单击机器人基座，再根据需要拖曳箭头，如图 3-8 所示。

图 3-7　移动机器人

3．设定位置

（1）选择布局浏览器，右键单击"机器人"（IRB2400_10_150_02），在弹出的快捷菜单中选择"位置"→"设定位置"命令，再根据需要选择工具。

（2）在"设定位置"对话框中可设定位置与方向。在大地坐标系下，系统默状态中的全部参数为 0，如图 3-9 所示。

x

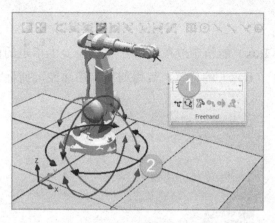

图 3-8　机器人旋转

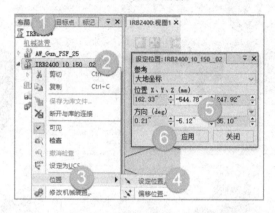

图 3-9　机器人移动和旋转

　　利用移动工具调整各组件间的相对位置。调整时，显示机器人的工作区。在"布局"浏览器中右键单击机器人，在弹出的快捷菜单中选择"显示机器人工作区域"命令，如图 3-10 所示。

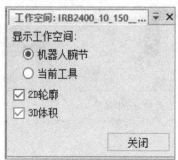

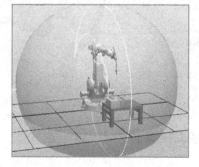

图 3-10　显示机器人工作区域（3D、2D）

4．放置

为了使工件盒子（Box）能精确放在工作台（Table）上指定的位置，利用放置中的三点法功能确定工件盒子（Box）的位置，启用捕捉末端功能，捕捉放置位置的关键点，如图 3-11 所示。

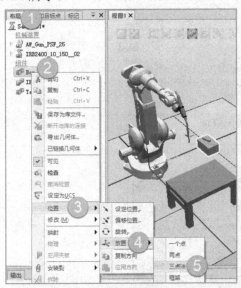
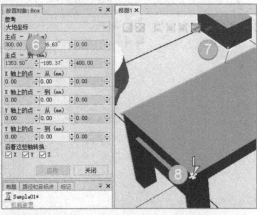
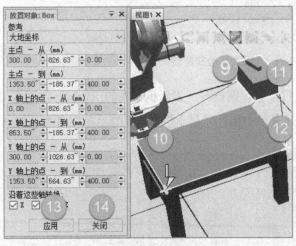
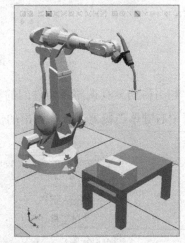

图 3-11　三点法确定工件盒子的位置

3.1.3　保存工程文件

完整的工作站文件包括工程文件与机器人系统文件两部分。现在只介绍工程文件。

在未创建机器人系统文件之前，机器人不具备相关的电气特性、逻辑、控制相关的属性，在 ABB RobotStudio 中应用于机器人系统的功能也不可用。

工程文件的保存：单击软件左上角的保存按钮。注意，在保存工程文件时，文件的保存路径不能含有中文字符。

本节实例：创建码垛机器人工作站

在"文件"中选择"新建"，选择"空工作站解决方案"，解决方案名称为"sample01"，根据需要修改工作站保存的位置，单击"创建"按钮。

在"基本"选项卡中选择 ABB 模型库，根据需要选择机器人类型（IRB4600）、版本（IRB460），单击"确定"按钮。

在导入模型库中选择"浏览库文件"，选择"我的模型库"（gripper）。

注意：我的模型库是用户自己已创建的模型库，不是系统内置的。工具 gripper 不是系统自带，需从网上下载，并保存在"我的模型库"所在的文件夹中。

1）工具安装

右键单击"布局"浏览器中的工具 Gripper，在弹出的快捷菜单中选择"安装到"命令，单击需要安装工具的机器人名称，或将工具 Gripper 直接拖曳到"布局"的机器人名称上。

2）导入模型库

在导入模型库中选择"设备"，依次导入控制器（IRC5_Control-Module）、示教器（FlexPendant）、输送链（950_4000_h2）、码垛盘（EuroPallet），并创建一个 3D 模型（盒子），调整好位置。码垛机器人工作站如图 3-12 所示。

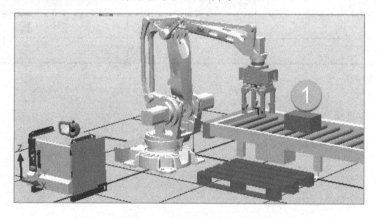

图 3-12 码垛机器人工作站

📋 任务实施

本节任务实施见表 3-1 和表 3-2。

表 3-1 创建机器人工作站任务书

姓　名		任务名称	创建机器人工作站
指导教师		同组人员	
计划用时		实施地点	
时　间		备　注	

任务内容

1. 掌握导入部件的方法。
2. 熟悉移动组件的方法。
3. 掌握放置功能的使用。
4. 熟悉调整位置的方法。
5. 掌握保存工程文件的方法

考核项目	导入部件	
	移动组件	
	放置物体	
	调整物体的位置	
	保存工程文件	

资　料	工　具	设　备
教材		

表 3-2　创建机器人工作站任务完成报告

姓　　名		任务名称	创建机器人工作站
班　　级		同组人员	
完成日期		实施地点	

操作题

创建基本工作站，其中包括导入机器人模型 IRB1200，并在"导入模型库"中导入设备 "mytool"，将其安装在机器人法兰盘上，调整机器人的位置，保存工程文件，如图 3-13 所示。

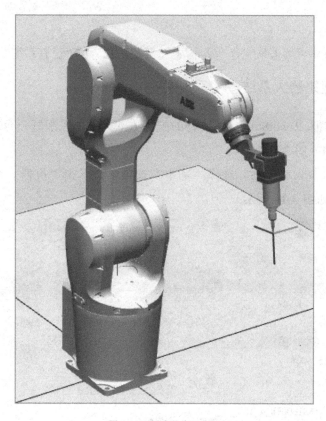

图 3-13　创建基本工作站

3.2 创建机器人系统

启动虚拟控制器时，需要指出虚拟控制器上运行的系统。因为系统包含所使用的机器人的有关信息，以及机器人程序和配置等重要数据，所以，必须为工作站选择正确的系统。

本节介绍手动创建机器人系统、输出窗口、查看机器人系统配置信息（I/O）、设置示教器界面语言。

 知识准备

在 RobotStudio 中机器人系统有"从布局""新建系统"和"已有系统"3 种创建方法。

3.2.1 手动创建机器人系统

为了更好地掌握 RobotStudio 中硬件的配置方法，下面以配置一台福尼斯焊机为例，操作方法如图 3-14～图 3-18 所示。

（1）创建的机器人工作站，选择"基本"选项卡，单击"机器人系统"按钮，选择"从布局"选项，如图 3-14 所示。

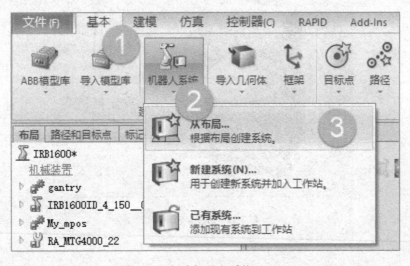

图 3-14 创建机器人系统（一）

（2）输入系统名称（IRB 2400L）（不能有中文字符，英文要大写），输入保存位置（不能有中文字符），选择 RobotWare 版本，依次单击"下一个"按钮，如图 3-15 所示。

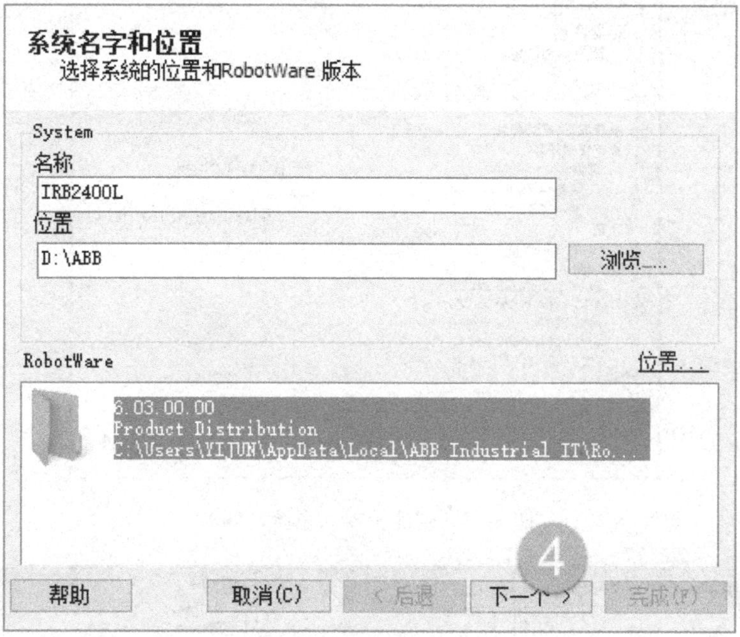

图 3-15　创建机器人系统（二）

　　当需要配置系统参数（如示教器语言、通信板卡的设置等）时，单击"选项"按钮（如通信板卡 709-1Device Net Master/Slave、以太网通信 616-1PC-Interface、623-1Multitasking 多任务等），否则，跳过，直接单击"完成"按钮。

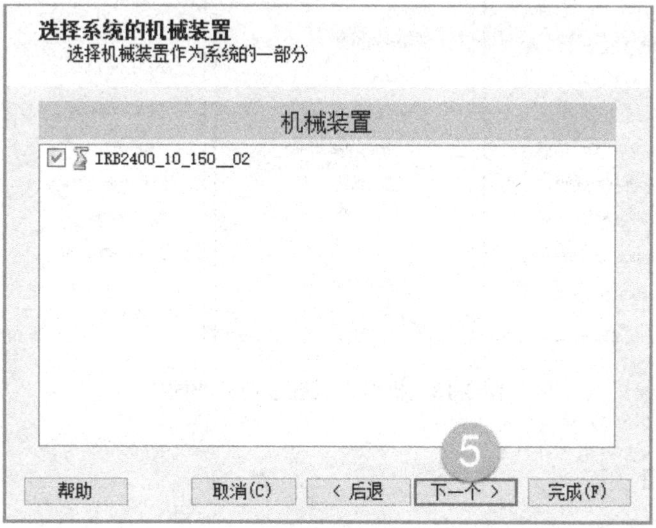

图 3-16　创建机器人系统（三）

工业机器人仿真技术入门与实训

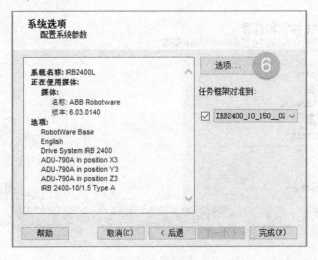

图 3-17 创建机器人系统（四）

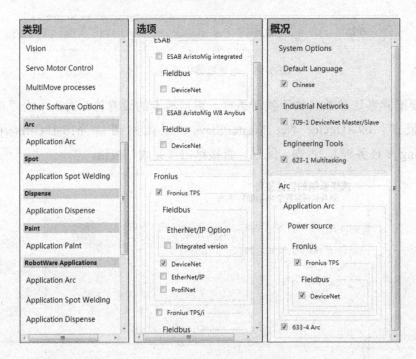

图 3-18 机器人系统选项参数配置

3.2.2 输出窗口

输出窗口显示了当前机器人的信息，并可对其进行分类显示，如图 3-19 所示。输出

98

窗口显示工作站内出现的事件的相关信息，例如，启动或停止仿真的时间。输出窗口中的信息对排除工作站故障很有用。

状态栏中，红色表示正在启动，黄色表示正在连接，绿色表示准备就绪。

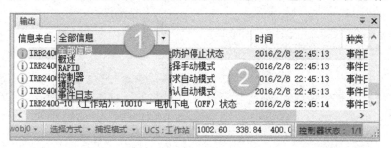

图 3-19　系统信息分类显示

若要删除系统信息，可右键单击信息条目，在弹出的快捷菜单中选择"清除"命令（需要删除全部系统信息，则先选择"全部信息"命令）。

3.2.3　配置信息（I/O）

在"控制器"浏览中的"I/O 系统"中查找"DeviceNet"通信总线，双击其中的"io Fronius1"，如图 3-20 所示。

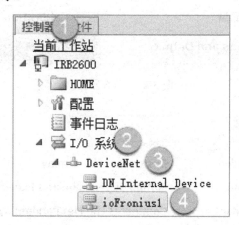

图 3-20　io Fronius1 通信模块

3.2.4　示教器界面语言设置

示教器操作界面语言默认为英文，如果选择中文界面，操作过程如图 3-21～图 3-23 所示。

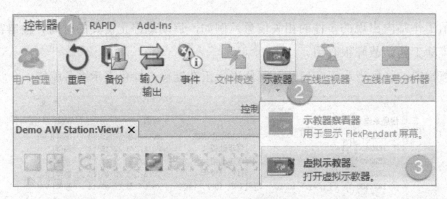

图 3-21　打开示教器

注意：如果发现此时示教器选项为灰色不可用状态，表明目前没有创建机器人系统。

需要将控制器操作模式转为手动模式才可设置示教器界面语言。具体步骤如下：在 ABB 主菜单中选择"控制面板"（ControlPanel），单击"语言"（Language），如图 3-22 所示。

选择中文语言后单击"OK"按钮，再单击"YES"按钮，重新启动示教器。

图 3-22　示教器窗口

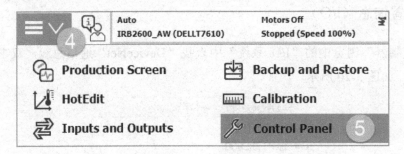

图 3-23　语言设置

任务实施

本节任务实施见表 3-3 和表 3-4。

表 3-3　创建机器人系统任务书

姓　名		任务名称	创建机器人系统
指导教师		同组人员	
计划用时		实施地点	
时　间		备　注	

任务内容

1．掌握手动创建机器人系统的步骤。

2．了解机器人系统配置（I/O）信息。

3．掌握示教器界面语言设置方法。

4．掌握机器人系统备份与恢复方法

考核项目	手动创建机器人系统
	查看机器人系统配置（I/O）信息
	示教器界面语言设置
	机器人系统备份与恢复

资　料	工　具	设　备
教材		计算机

表 3-4　创建机器人系统任务完成报告

姓　　名		任务名称	创建机器人系统
班　　级		同组人员	
完成日期		实施地点	

1. 单选题

（1）在软件中创建好机器人系统后，在哪个菜单中可调出虚拟示教器？（　　）

A. 基本　　　　　　　　　　B. 控制器　　　　　　　　　　C. RAPID

（2）软件过期后，处于无全功能授权状态，则不能使用哪种方式创建系统？（　　）

A. 从布局　　　　　　　　　B. 新建系统　　　　　　　　　C. 已有系统

（3）若机器人需要与第三方视觉进行通信，则需要配置哪个选项？（　　）

A. FTP/NFS Client　　　　　B. PC Interface　　　　　　　C. FlexPendant　Interface

2. 实操题

在完成 3.1 节实操题的基础上，运用"从布局"的方法创建机器人系统，其中包含图 3-24 所示的功能选项。

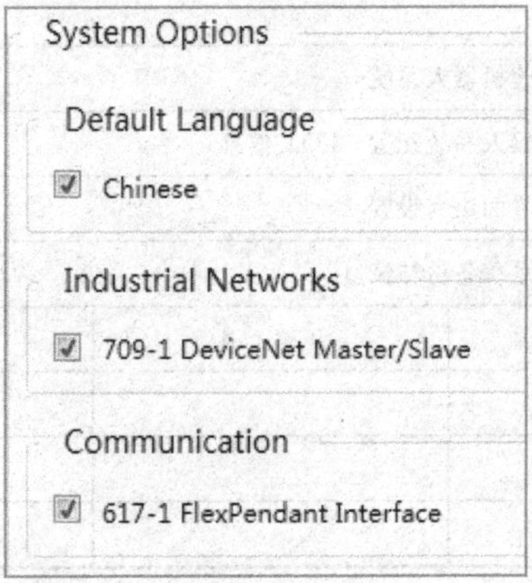

System Options

Default Language

☑ Chinese

Industrial Networks

☑ 709-1 DeviceNet Master/Slave

Communication

☑ 617-1 FlexPendant Interface

图 3-24　选项

3.3　创建程序数据

在进行正式编程前，需要构建必要的编程环境，如新建运行程序、创建 3 个必需的程序数据（工具数据、工件数据和载荷数据）等。本节详细介绍如下 3 个重要的程序数据：toolduta、wobjdata、loaddata。

 知识准备

在开始进行机器人编程前，先设定机器人三个重要的程序数据：tooldata、wobjdata 和 loaddata。

tooldata 和 loaddata 记录的都是基于 tool0 的偏移值，而类似于搬运类工具的自定义 TCP 点也可以是基于系统默认 tool0 的偏移值。

3.3.1　tooldata（工具数据）

工具数据 tooldata 用于记录安装在机器人第 6 轴（4 轴机器人为第 4 轴）法兰盘上的工具中心点、质量、重心等参数的数据，所有的机器人在其法兰盘中心点都有一个预定义的工具数据（坐标）tool0，如图 3-25 所示。

tooldata 设置方法如下：已知某工具质量为 2.5kg，该工具的 TCP 位于 tool0 的 TCP 沿 tool0 工具坐标系 Z 轴正方向 15cm 的位置，如图 3-26 所示。

图 3-25　机器人 tool0 位置

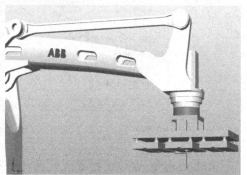

图 3-26　夹具 TCP 位置

创建工具坐标有两种方法：一种是在工作站中创建，另一种是在虚拟示教器中创建。

1. 在工作站中创建工具数据

1）导入 3D 工具模型

由于 RobotStudio 的 3D 建模功能不是很强大，所以，复杂的 3D 模型需要从第三方软件生成的文件中导入。

（1）选择"基本"选项卡，单击"导入几何体"按钮，选择"浏览几何体"选项。

（2）选择导入的几何体，本节选择几何体 Weld_Gun，如图 3-27 所示。

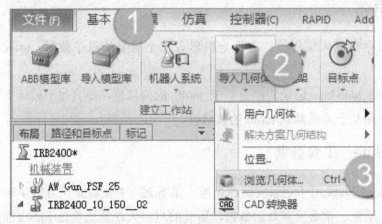

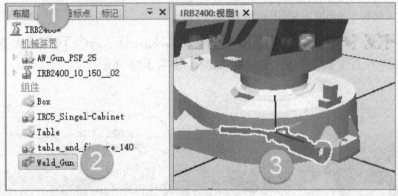

图 3-27　导入几何体

RobotStudio 软件支持导入几何体的类型如图 3-28 所示。

2）创建本地原点

导入的 3D 工具模型自身的坐标原点可能不在机器人法兰盘接触端面的中心点上，该坐标方向也不一定符合机器人的安装要求，需重新设定本地原点。设定本地原点的步骤如下。

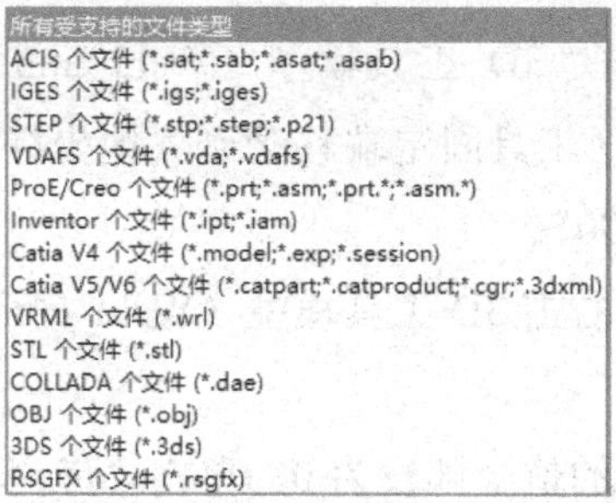

图 3-28　支持导入的 3D 模型文件类型

（1）调整视图，暂时隐藏机器人，只显示导入的 3D 工具模型，并保证 3D 工具模型位于地板之上（否则，无法选取）。

（2）选择"选择表面"和"捕捉中心"捕捉工具，如图 3-29 所示。

图 3-29　选择面及捕捉中心功能

（3）设置工具原点。在布局窗口中，右键单击 3D 工具模型（Weld_Gun），在弹出的快捷菜单中选择"修改"和"设定本地原点"。

（4）单击"设置本地原点"对话框中位置 X 值输入框，让光标置于 X 值输入框，如图 3-30 所示。

（5）选择 3D 模型底座表面（注意：此时必须选择"选择表面"和"捕捉中心"的捕捉工具，光标置于 X 值输入框，才能保证成功捕捉到正确的坐标原点位置），再单击"设置本地原点"对话框中的"应用"按钮，3D 模型原点将自动移至底座圆的中心，如图 3-31 所示。

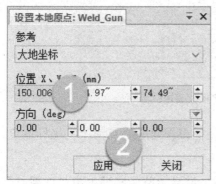

图 3-30　"设置本地原点"对话框

图 3-31　选择底座平面

（6）设定位置。右键单击"3D 工具模型（Weld-Gun）"，在弹出的快捷菜单中选中"位置"和"设定位置"选项。工具固定端移动到大地坐标原点，设置 X、Y、Z 的值为 0，并围绕 Y 轴、Z 轴各旋转 90°。

（7）再次设置工具原点。右击 3D 工具模型（Weld_Gun），然后选中"修改""设定本地原点"选项。

（8）对话框中位置和方向的值全部设为 0，单击"应用"按钮，如图 3-32 所示。

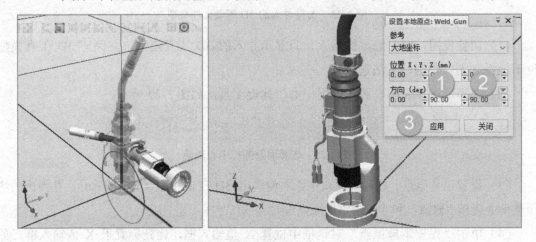

图 3-32　与大地坐标方向一致

3）创建工具坐标系

（1）在"基本"选项卡中选择"框架"→"创建框架"选项，如图 3-33 所示。

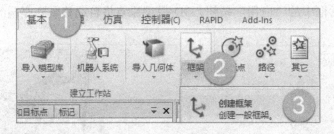

图 3-33　创建框架菜单

（2）选择"选择表面""捕捉圆心"功能，捕捉焊丝中心点为工具坐标原点，操作顺序如图 3-34 和图 3-35 所示。

（3）由于新生成的框架不垂直于工具末端，需要调整。右键单击"框架_1"，在弹出的快捷菜单中选择"设定为表面的法线方向"命令。

图 3-34　"创建框架"对话框

图 3-35　捕捉框架原点

（4）将光标置于"表面或部分"复合框中，在"接近方向"选项组中选择 Z 方向，利用"选择平面"捕捉工具选择焊丝末端平面，单击"应用"按钮，如图 3-36 和图 3-37 所示。

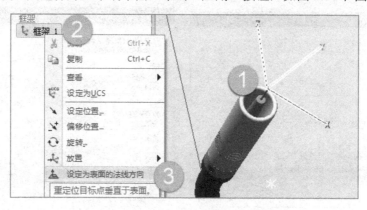

图 3-36　新生成的框架不垂直于工具末端

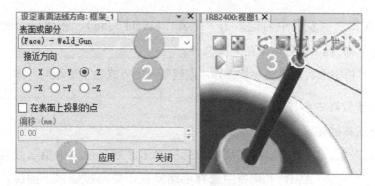

图 3-37　捕捉表面法线方向

107

4）创建工具

（1）在"建模"选项卡中单击"创建工具"按钮，如图3-38所示。

图3-38　创建工具（一）

（2）输入自定义的工具名称（Weld_Gun），选择部件类型（使用已有的部件），选择部件（如Weld_Gun），设定工具参数，单击"下一步"按钮，如图3-39所示。

（3）输入TCP名称（Weld_Gun），选择框架（框架_1），输入位置与方向值（保持原来值），单击"右移"按钮，单击"完成"按钮，如图3-40所示。

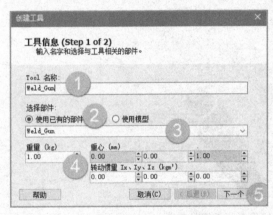

图3-39　创建工具（二）　　　　　　图3-40　创建工具（三）

（4）在"布局"浏览器中右键单击"工具"（Weld_Gun），在弹出的快捷菜单中选择"保存为库文件"命令，将工具保存为库文件。

由于3D工具模型形状及建模参数各异，创建工具的方式也不尽相同，本示例仅作参考。

2．在虚拟示教器中创建工具数据

1）吸盘类工具的定义方法

（1）打开示教器：在"控制器"菜单中选择"示教器"→"虚拟示教器"。

（2）新建工具：在ABB主菜单中选择手动操纵，单击控制器小图标，切换动作模式为手动模式，选择工具坐标（tool0）。具体定义方法如图3-41～图3-47所示。

图 3-41　选择手动操纵

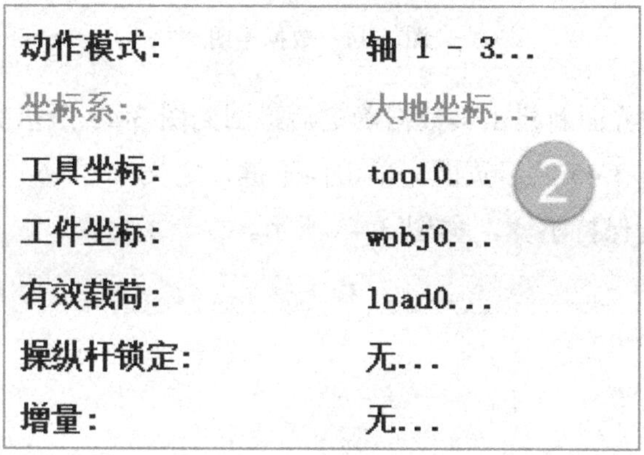

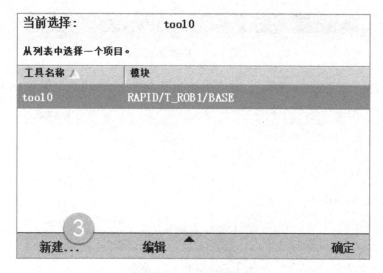

图 3-42　选择工具坐标

当前选择:	tool0

从列表中选择一个项目。

工具名称 ▲	模块
tool0	RAPID/T_ROB1/BASE

新建...　　　编辑　▲　　　　　确定

图 3-43　选择新建

109

数据类型: tooldata		当前任务: T_ROB1	
名称:	sucker ④		...
范围:	任务 ▼		
存储类型:	可变量 ▼		
任务:	T_ROB1 ▼		
模块:	user ▼		
例行程序:	<无> ▼		
维数	<无> ▼		...
初始值 ⑤		确定	取消

图 3-44   数据声明

在图 3-44 所示的界面新建工具数据确定后，回到图 3-43 所示的界面，选择"编辑"—"定义"，出现如图 3-45 所示页面，单击向下键，定义 Z 为 6～150mm，沿 Z 轴方向平移 150mm，其他值保持不变，如图 3-45 所示。

名称	值	数据类型
robhold :=	TRUE	bool
tframe:	[[0, 0, 150], [1, 0, 0, 0]]	pose
trans:	[0, 0, 150]	pos
x :=	0	num
y :=	0	num
z :=	150 ⑥	num

图 3-45   修改 Z 值

按下方向键，定义 mass 并输入 2.5，表示工具质量为 2.5kg，如图 3-46 所示。

名称	值	数据类型
q1 :=	1	num
q2 :=	0	num
q3 :=	0	num
q4 :=	0	num
tload:	[2.5, [0, 0, 0], [1, 0, 0, 0...	loaddata
mass :=	2.5 ⑦	num

图 3-46   设置 mass 质量

按下方向键，定义 cog（表示重心的坐标，这里也可以为 Z 方向偏移 15cm）并输入 150。到此工具参数的设定完成，单击"确定"按钮，如图 3-47 所示。

名称	值	数据类型
mass :=	2.5	num
cog:	[0, 0, 150]	pos
x :=	0	num
y :=	0	num
z :=	150　⑧	num
aom:	[1, 0, 0, 0]	orient

图 3-47　参数设置

　　2）焊枪类工具的定义方法

　　焊枪 TCP 点如图 3-48 所示。

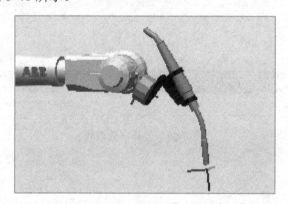

图 3-48　焊枪 TCP 点

　　用 4 点法或 6 点法定义其工具数据：已知其质量为 2kg，沿 X 轴方向偏移–50mm，沿 Z 轴方向偏移+100mm，定义方法如图 3-49 和图 3-50 所示。

　　在 ABB 主菜单中选择手动操纵，选择工具坐标，单击"新建"，操作步骤如图 3-49 和图 3-50 所示。

　　3）TCP 定义方法

　　TCP 定义方法有 4 点法、6 点法。下面以 4 点法（焊枪的顶端在空间用 4 种不同的姿态靠近一个指定的目标点）定义工具 TCP 点，使焊枪 TCP 点尽量紧靠着圆锥顶端，向其左、右、前、顶端方向移动，定义方法如图 3-51～图 3-58 所示。

数据类型: tooldata		当前任务: T_ROB1	

名称: AWGun (4) ...

范围: 任务 ▼

存储类型: 可变量 ▼

任务: T_ROB1 ▼

模块: user ▼

例行程序: <无> ▼

维数 <无> ▼ ...

初始值 (5)   确定   取消

图 3-49 工具名称

名称	值	数据类型
mass :=	2 (6)	num
cog:	[-50, 0, 100]	pos
x :=	-50 (7)	num
y :=	0	num
z :=	100 (8)	num
aom:	[1, 0, 0, 0]	orient

图 3-50 工具参数设置

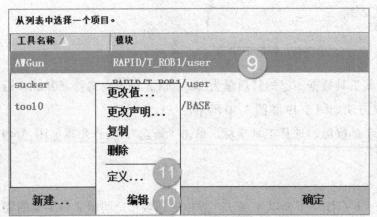

从列表中选择一个项目。

工具名称 ▲	模块
AWGun	RAPID/T_ROB1/user (9)
sucker	RAPID/T_ROB1/user
tool0	/BASE

更改值...
更改声明...
复制
删除
定义... (11)

新建...   编辑 (10)   确定

图 3-51 工具数据

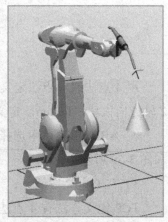

图 3-52 工具示教

用示教器调整机器人时，正面朝向机器人，示教器上的方向箭头将与机器人移动方向一致。

创建一个圆锥体，调整视角，移动圆锥体并放置在合适的位置，为了避免奇异点的产生，在单轴运动模式下旋转第 6 轴，如图 3-53 所示。

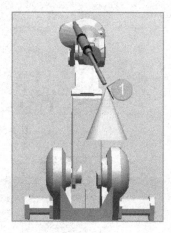

图 3-53　调整方向、位置

单击"点 1"，选择"修改位置"。

同样的方法，用示教器将焊枪调整到另一姿态，定义"点 2"。点 2 的正视图、右视图如图 3-54 所示。

用类似的方法确定点 3 和点 4，如图 3-55 所示。定义完成，单击"确定"按钮，如图 3-56 所示。

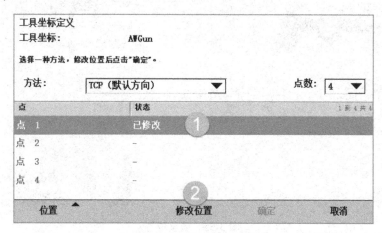

图 3-54　修改位置

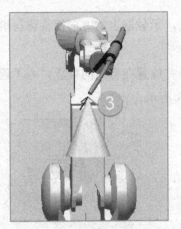

图 3-54　修改位置（续）

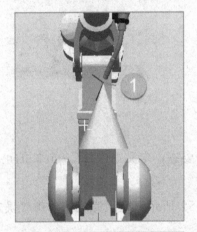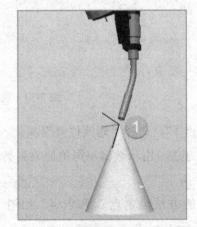

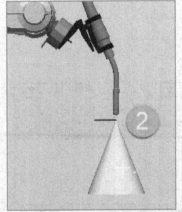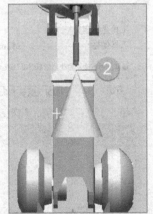

图 3-55　调整位置

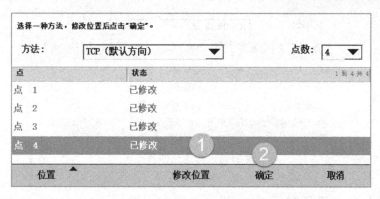

图 3-56　TCP 工具坐标定义

　　完成工具定义后，使用重定位运动模式检查此前所创建的工具坐标系的精确度（如果误差非常小，则在重定位运动模式下，无论操纵机器人朝哪个方向运动，工具始终围绕着同一个点做不同姿势的变换；反之，如果在操纵过程中，工具参照点离固定参照点的距离越远，则误差越大）。

　　4）修改坐标系

　　若 TCP 工具坐标定义反向，使用 5 点法（只能修改 Z 轴方向，如图 3-57 所示）或 6 点法（修改 X、Z 轴方向）修改工具坐标系。

方法：	TCP 和 Z ▼
点	状态
点　2	已修改
点　3	已修改
点　4	已修改
延伸器点　Z	已修改

图 3-57　修改延伸器点 Z

　　用 5 点法修改 Z 轴方向。用 4 点法修改前面的 4 个点，在延伸器点 Z 上，用示教器或 RobotStudio 中的线性运动按钮，向定义的工具坐标系 Z 方向移动，再单击"修改位置"，完成修改，如图 3-58 所示。

　　用 6 点法修改 X、Z 轴方向，按前面的方法修改前面 5 点之后，在延伸器点 X 上用示教器或 RobotStudio 中的线性运动按钮，定义的工具坐标系的 X 轴方向移动，再单击"修改位置"，完成修改。

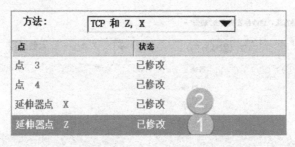

图 3-58　修改延伸器点 X

3.3.2　wobjdata（工件数据）

机器人末端装置的运动其实就是 TCP 点的运动，且其运动的路径也是相对于工件坐标系而言的。

创建工件坐标系有两种方法：一种是在工作站中创建，另一种是在虚拟示教器中创建。

1．在工作站中创建工件数据

可直接将框架转换为工件坐标系，也可按下面的步骤创建工件坐标系。

（1）在"基本"选项卡的路径编程组中单击"其他"按钮，选择"创建工件坐标"选项，在工件坐标框架中单击"取点创建框架"，定义方法如图 3-59 所示，创建工件坐标对话框参数见表 3-5。

（2）选择"捕捉末端"工具，按序分别捕捉到点 5、点 6、点 7。要注意光标的变化，捕捉右侧端点 5 时，应先单击左侧 5 所示"X 轴上的第一个点"下的文本框，再在右侧单击几何体中的端点 5。点 6、点 7 类推。捕捉完成，依次单击"Accept"和"创建"按钮。

 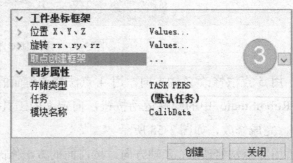

图 3-59　3 点法创建工件坐标

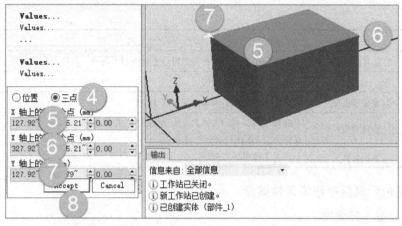

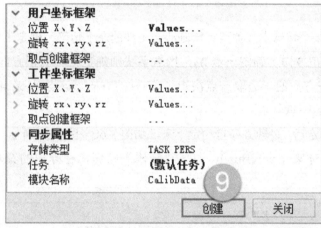

图 3-59　三点法创建工件坐标（续）

表 3-5　创建工件坐标对话框参数

项目	图标名称	描　　述
	名称	新工件坐标名称
Misc 数据	机器人握住工件	选择机器人是否握住工件。如果选择 True，机器人将握住工件。工具可以是固定工具，也可以被其他机器人握住
	被机械单元移动	选择移动工件的机械单元。只有在编程被设为 False 时，此选项才可用
	编程	如果工件坐标用作固定坐标系，请选择 True。如果用作移动坐标系（即外轴），则选择 False
用户坐标框架	位置 X、Y、Z	单击这些框之一，然后在图形窗口中单击相应的点，并将点的值传送至位置框内
	旋转 r_x、r_y、r_z	指定工件坐标在 UCS 中的旋转
	取点创建框架	指定用户坐标框架的位置（或 3 点）

续表

项目	图标名称	描 述
工件坐标框架	位置 X、Y、Z	单击这些框之一，在图形窗口中单击相应的点，并将点的值传送至位置框内
	旋转 rx、ry、rz	指定工件坐标的旋转
	取点创建框架	指定工件坐标的坐标位置（或 3 点）
同步属性	存储类型	选择 PERS 或 TASKPERS。如果打算在 Multimove 模式下使用工作对象，请选择存储类型 TASKPERS
	模块名称	声明工件坐标的模块

2．在虚拟示教器中创建工件数据

三点法设定工件坐标

操作实例：

（1）以工件的某个特殊点（如角点、圆心、工件的左上角等）确定工件坐标的原点 X_1。

（2）在 X 轴的正方向上确定一点 X_2，用右手法则确定 Y 轴的正方向。

（3）在 Y 轴正方向的一边取一点决定了 Y 轴的方向，该点是 X 轴与 Y 轴构成平面上，Y 轴正方向上的任意一点。

（4）X、Y 轴确定后，Z 轴方向自动定下来，如图 3-60～图 3-70 所示。

选择工件坐标对象（wobjBox），单击"编辑"按钮，在弹出的菜单中选择"定义"命令。

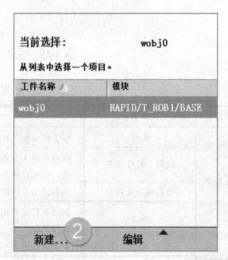

图 3-60　工件坐标

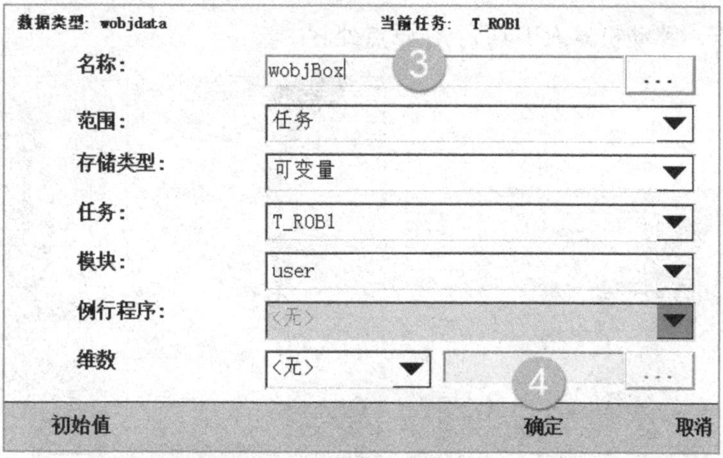

数据类型: wobjdata	当前任务:　T_ROB1	

名称：　　　　wobjBox　③　　　　　　...

范围：　　　　任务　　▼

存储类型：　　可变量　　▼

任务：　　　　T_ROB1　　▼

模块：　　　　user　　▼

例行程序：　　〈无〉　　▼

维数　　　　　〈无〉　▼　　　　　④　　...

初始值　　　　　　　　　　　　　　　确定　　　取消

3—输入工件坐标名称；4—确定，返回手动操纵界面，选择工件坐标

图 3-60　工件坐标（续）

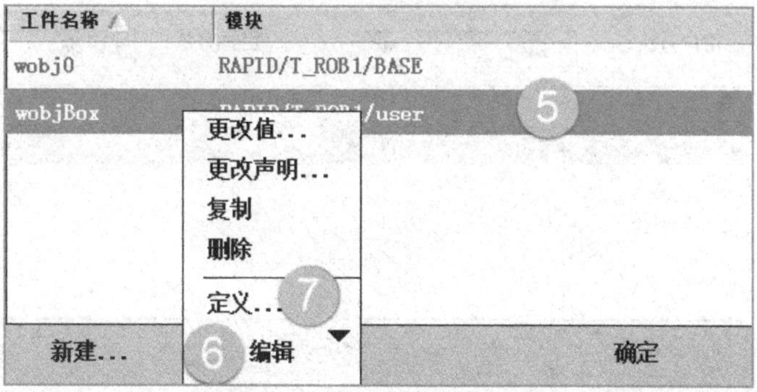

工件名称 △	模块
wobj0	RAPID/T_ROB1/BASE
wobjBox	RAPID/T_ROB1/user　⑤

更改值...

更改声明...

复制

删除

定义...　⑦

新建...　⑥　编辑　▼　　　　　　确定

图 3-61　编辑工件坐标

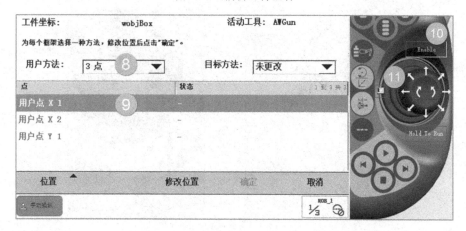

工件坐标:　　wobjBox	活动工具:　AWGun

为每个框架选择一种方法，修改位置后点击"确定"。

用户方法：　3 点　⑧　▼　　　目标方法：　未更改　▼

点	状态	1 到 3 共 3
用户点 X 1　⑨	-	
用户点 X 2	-	
用户点 Y 1	-	

位置　▲　　　　修改位置　　确定　　　取消

手动操纵　　　　　　　　　　　　　ROB_1　1/3

图 3-62　修改 X_1 位置

手动模式下，移动机器人工具到 X_1 原点处。

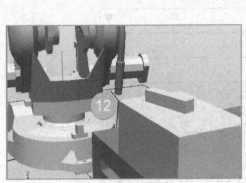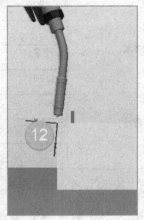

图 3-63　工件坐标原点不同视角

用户方法：	3 点 ▼	目标方法：	未更改

点	状态
用户点 X 1	-
用户点 X 2	-
用户点 Y 1	-

位置 ▲		修改位置	确定

图 3-64　修改位置

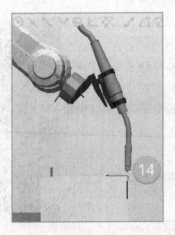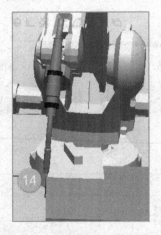

图 3-65　X_2（X 轴正方向上的一点）

X_2 取该点，是左上边缘任一点即可。再次单击示教器上的修改位置，保存点 2。示教器切换到单轴运动模式（轴 1～3），将机器人水平右移一段距离，决定 $X\text{-}Y$ 平面和 Y 轴正方向。

图 3-66　创建 Y 轴

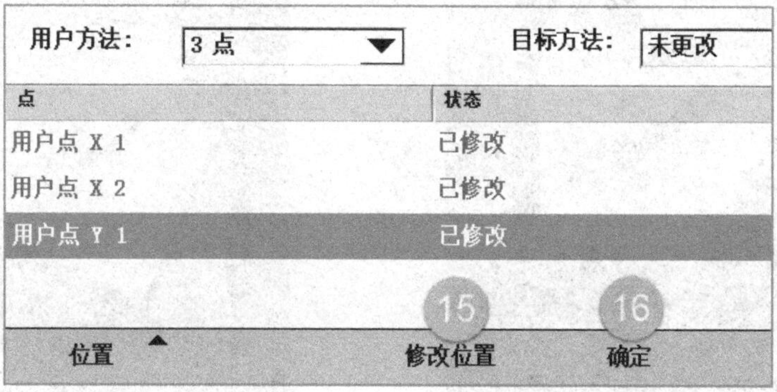

用户方法：	3 点 ▼	目标方法：	未更改
点		状态	
用户点 X 1		已修改	
用户点 X 2		已修改	
用户点 Y 1		已修改	

位置 ▲　　　　　15 修改位置　　16 确定

图 3-67　点的修改

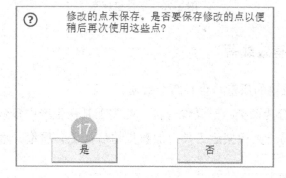

修改的点未保存。是否要保存修改的点以便稍后再次使用这些点？

17 是　　　　否

图 3-68　保存

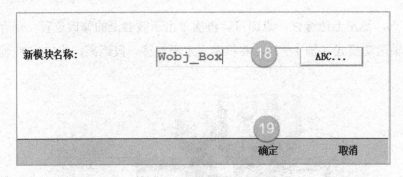

新模块名称：	Wobj_Box	18	ABC...
		19	
		确定	取消

图 3-69 新模块名称

在 RAPID 程序中输入模块的名称，单击"确定"按钮，完成工件坐标系定义。

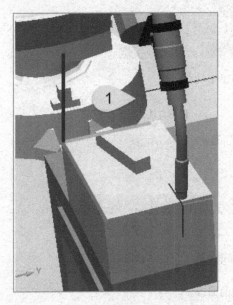 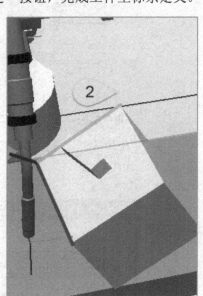

图 3-70 工件坐标系

3.3.3 loaddata（有效载荷）

loaddata 记录加载物的质量、重心两个数据。

机器人工具类型分为两类：一类像焊枪，此类工具在生产中参数保持不变，一般使用系统默认值 load0；另一类像搬运工具，加载货物后，工具质量、重心等发生变化，需要设置有效载荷。

打开（虚拟）示教器，创建 loaddata 数据，具体步骤如图 3-71～图 3-74 所示。

图 3-71　手动操纵

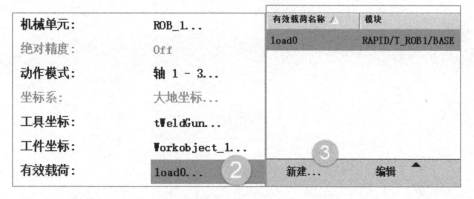

图 3-72　新建有效载荷

数据类型：loaddata		当前任务：T_ROB1

名称：　　　loadBox ④ 　　　...

范围：　　　任务 ▼

存储类型：　可变量 ▼

任务：　　　T_ROB1 ▼

模块：　　　user ▼

例行程序：　〈无〉 ▼

维数：　　　〈无〉 ▼ 　　　...

初始值 ⑤　　　　　　　　确定 ⑥　　取消

图 3-73　新数据声明

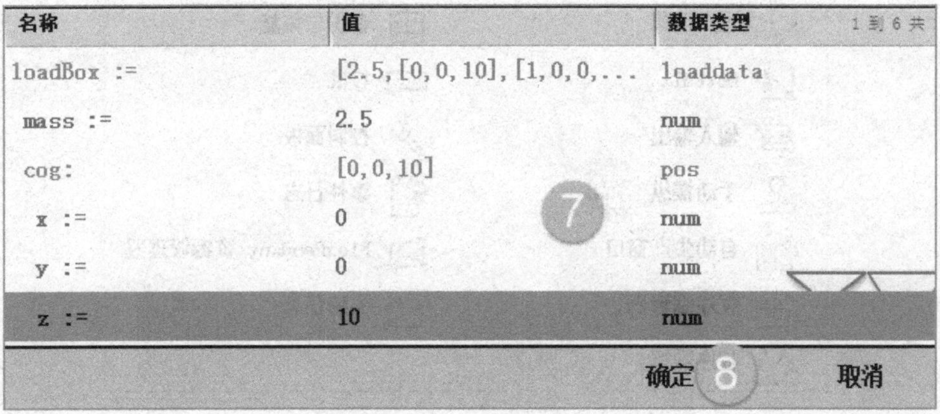

名称	值	数据类型	1到6共
loadBox :=	[2.5, [0, 0, 10], [1, 0, 0, . . .	loaddata	
mass :=	2.5	num	
cog:	[0, 0, 10]	pos	
x :=	0	num	
y :=	0	num	
z :=	10	num	

确定 ⑧　　　取消

图 3-74　参数设置

任务实施

本节任务实施见表 3-6 和表 3-7。

表 3-6　创建程序数据任务书

姓　　名		任务名称	创建程序数据
指导教师		同组人员	
计划用时		实施地点	
时　　间		备　　注	
任　务　内　容			

1. 掌握 tooldata（工具数据）定义及原理。
2. 掌握 wobjdata（工件数据）定义及原理。
3. 掌握 loaddata（有效载荷）定义及原理。

	描述工具数据的定义及原理		
	描述工件数据的定义及原理		
	描述有效载荷的定义及原理		
资　　料	工　　具		设　　备
教材			计算机

表3-7 创建程序数据任务完成报告

姓　名		任务名称	创建程序数据
班　级		同组人员	
完成日期		实施地点	

单选题

（1）下列哪种做法有助于提高机器人 TCP 的标定精度？（　　　）

A．固定参考点设置在机器人极限边界处

B．TCP 标定点之间的姿态比较接近

C．增加 TCP 标定参考点的数量

（2）标定工具坐标系时，若需要重新定义 TCP 及所有方向，则使用哪种方法？（　　　）

A．TCP 和默认方向

B．TCP 和 Z

C．TCP 和 Z、X

（3）搬运类工具坐标系的设置，一般是沿着初始 tool0 的哪个方向进行偏移？（　　　）

A．X B．Y C．Z

（4）三点法创建工件坐标系，其原点位于？（　　　）

A．X_1 点

B．Y_1 点

C．Y_1 在 X_1 和 X_2 连线上的投影点

（5）工件坐标系中的用户框架是相对于哪个坐标系创建的？（　　　）

A．大地坐标系   B．基坐标系   C．工件坐标系

（6）在程序中加载有效载荷数据使用哪条指令？（　　　）

A．Load   B．LoadSet   C．GripLoad

（7）下列哪种应用必须创建有效载荷数据 loaddata？（　　　）

A．激光切割   B．物料搬运   C．弧焊

任务评价

本章任务评价见表 3-8。

表 3-8 任务评价表

任务名称	RobotStudio 基本操作				
姓　名		学　号			
任务时间		实施地点			
组　号		指导教师			
小组成员					
检查内容					
评价项目	评价内容		配分	评价结果	
				自评	教师
资讯	1. 明确任务学习目标		5		
	2. 查阅相关学习资料		10		
计划	1. 分配工作小组		3		
	2. 小组讨论考虑安全、环保、成本等因素，制订学习计划		7		
	3. 教师是否已对计划进行指导		5		
实施	准备工作	1. 了解导入机器人模型并调整其位置的具体步骤	5		
		2. 了解工业机器人工具的安装方法	5		
		3. 掌握创建工业机器人系统的方法	10		
		4. 理解和区分输出窗口的不同信息	10		
	技能训练	1. 能创建工业机器人的工作站	10		
		2. 能创建工业机器人系统	10		
		3. 能创建和灵活应用工业机器人程序数据	10		
安全操作与环保	1. 工装整洁		2		
	2. 遵守劳动纪律，注意培养一丝不苟的敬业精神		3		
	3. 严格遵守本专业操作规程，符合安全文明生产要求		5		
总结	你在本次任务中有什么收获？				
	反思本次学习的不足，请说说下次如何改进。				
综合评价（教师填写）					

第4章

ABB 工业机器人 I/O 配置

　　ABB 工业机器人提供了丰富的 I/O 通信接口，可轻松地实现与周边设备的通信，本章主要介绍 DSQC652 输入/输出模块接口以及如何进行 I/O 配置。

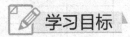 学习目标

知识目标
（1）了解 DSQC652 输入/输出模块结构和接口连接说明；
（2）掌握在 RobotStudio 的虚拟示教器中进行 I/O 配置方法；
（3）掌握在 RobotStudio 的 I/O 系统中进行 I/O 配置的方法。

技能目标
（1）能描述 DSQC652 输入/输出模块结构；
（2）能完成 DSQC652 输入/输出模块接口连接；
（3）能在 RobotStudio 的虚拟示教器中完成 I/O 配置；
（4）能在 RobotStudio 的 I/O 系统中完成 I/O 配置。

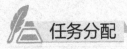 任务分配

4.1　DSQC652 输入/输出模块
4.2　I/O 配置

4.1　DSQC652 输入/输出模块

本节介绍常用标准输入/输出模块 DSQC652，包括硬件结构和模块接口连接说明。

 知识准备

ABB 工业机器人控制器中常用标准输入/输出（I/O）板，主要有表 4-1 中列出的 5 种。本节主要介绍 DSQC652 输入/输出模块。

表 4-1　ABB 工业机器人常用标准 I/O 板

型　号	描　述
DSQC651	8 个数字输入、8 个数字输出、2 个模拟输出
DSQC652	16 个数字输入、16 个数字输出
DSQC653	8 个数字输入、8 个数字输出、带有继电器
DSQC355A	4 个模拟输入、4 个模拟输出
DSQC377A	输送链跟踪单元

1．硬件结构

图 4-1 所示为 DSQC652 硬件。

①为数字输出信号指示灯；

②为 X1、X2 数字输出接口；

③为 X5 DeviceNet 通信总线接口；

④为 X3、X4 数字输入接口；

⑤为模块工作指示灯；

⑥为数字输入指示灯。

2．模块接口连接说明

（1）DSQC652 的 X1 数字输出接线排接口说明见表 4-2。

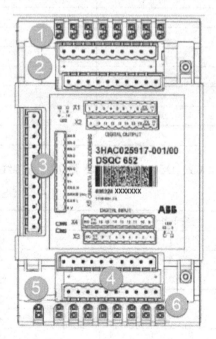

图 4-1　DSQC652 硬件

表 4-2　DSQC652 的 X1 数字输出接口

端子序号	系统定义	地　址
1	输出通道 1	0
2	输出通道 2	1
3	输出通道 3	2
4	输出通道 4	3
5	输出通道 5	4
6	输出通道 6	5
7	输出通道 7	6
8	输出通道 8	7
9	0V	/
10	24V	/

（2）DSQC652 的 X2 数字输出接线排接口说明见表 4-3。

表 4-3　DSQC652 的 X2 数字输出接口

端子序号	系统定义	地　址
1	输出通道 9	8
2	输出通道 10	9
3	输出通道 11	10
4	输出通道 12	11
5	输出通道 13	12
6	输出通道 14	13
7	输出通道 15	14
8	输出通道 16	15
9	0V	/
10	24V	/

（3）DSQC652 的 X3 数字输入接线排接口说明见表 4-4。

表 4-4　DSQC652 的 X3 数字输入接口

端子序号	系统定义	地　址
1	输入通道 1	0
2	输入通道 2	1
3	输入通道 3	2
4	输入通道 4	3
5	输入通道 5	4
6	输入通道 6	5
7	输入通道 7	6

端子序号	系统定义	地　址
8	输入通道 8	7
9	0V	
10	—	

（4）DSQC652 的 X4 数字输出接线排接入说明见表 4-5 所示。

表 4-5　DSQC652 的 X4 数字输入接口

端子序号	系统定义	地　址
1	输入通道 9	8
2	输入通道 10	9
3	输入通道 11	10
4	输入通道 12	11
5	输入通道 13	12
6	输入通道 14	13
7	输入通道 15	14
8	输入通道 16	15
9	0V	
10	—	

（5）DSQC652 的 X5 DeviceNet 通信总线端子说明见表 4-6。

表 4-6　DSQC652 的 X5 DeviceNet 通信总线端子

端子序号	系统定义
1	0V BLACK
2	CAN 信号线 low（蓝色）
3	屏蔽线
4	CAN 信号线 high（白色）
5	24V（红色）
6	GND 地址选择公共端
7	模块 IDbit0（LSB）
8	模块 IDbit1（LSB）
9	模块 IDbit2（LSB）
10	模块 IDbit3（LSB）
11	模块 IDbit4（LSB）
12	模块 IDbit5（LSB）

工业机器人仿真技术入门与实训

 任务实施

本节任务实施见表 4-7 和表 4-8。

表 4-7　DSQC652 输入/输出模块任务书

姓　　名		任务名称	DSQC652 输入/输出模块
指导教师		同组人员	
计划用时		实施地点	
时　　间		备　　注	
任务内容			

1．了解 DSQC652 输入/输出模块硬件结构。

2．掌握 DSQC652 输入/输出模块接口连接说明。

考核项目	描述 DSQC652 输入/输出模块硬件结构
	描述 DSQC652 输入/输出模块接口连接说明

资　　料	工　　具	设　　备
教材		

表 4-8　DSQC652 输入/输出模块任务完成报告

姓　　名		任务名称	DSQC652 输入/输出模块
班　　级		同组人员	
完成日期		实施地点	

简答题

（1）DSQC652 输入/输出模块的硬件结构是怎样的？

（2）DSQC652 输入/输出模块的接口是如何连接的？

4.2　I/O 配置

本节介绍机器人的 I/O 配置。

知识准备

ABB 工业机器人在 RobotStudio 软件中进行 I/O 配置有两种：一是利用虚拟示教器；二是利用仿真软件中的 I/O 系统。

4.2.1　在 RobotStudio 的虚拟示教器中进行 I/O 配置

利用虚拟示教器配置机器人的 I/O 的方法参如图 4-2～图 4-6 所示。配置一块地址为 10 的 DeviceNet 设备（以 DSQC652 为例），并将其命名为"board10"。

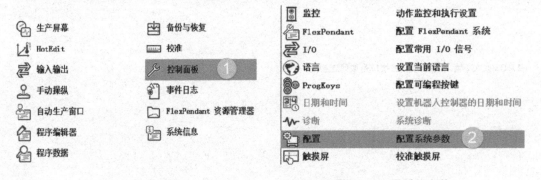

图 4-2　控制面板　　　　　　　　　　　　　图 4-3　配置系统参数

注意：确保机器人系统中包含 709-1DeviceNet 工业网络选项，否则无法添加 DeviceNet 设备。

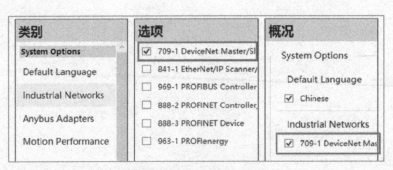

图 4-4　工业网络选项添加

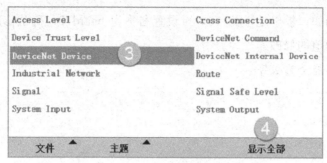

图 4-5　实例类型选择

图 4-6　增加 DeviceNet 实例

添加有两种方法：模板或者自定义。

（1）自定义步骤如图 4-7～图 4-12 所示。

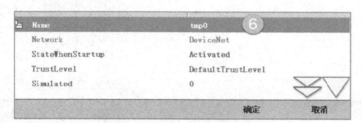

图 4-7　修改实例名称（一）

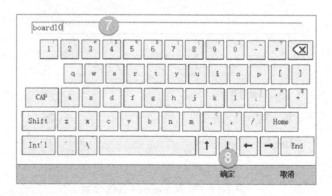

图 4-8　修改实例名称（二）

输入名称，例如，板卡地址为 10，可设置名称为 board10，确认修改并返回上一级窗口，继续其他参数值的修改。

注意：名称不能全为数字。

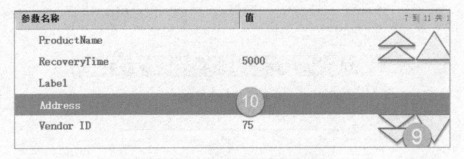

图 4-9　实例地址设置

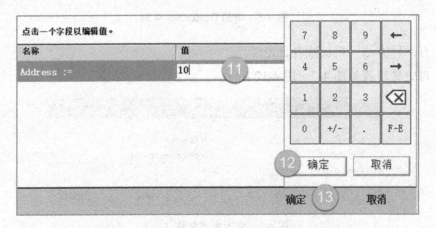

图 4-10　实例 board10 地址

Connection Output Size (bytes)	2
Connection Input Size (bytes)	2

Vendor ID	75
Product Code	26
Device Type	7

图 4-11　修改 board10 其他参数

（2）在"使用来自模板值"中选择 DSQC652 模板，如图 4-12 所示。

所有的硬件参数设置（修改）之后，必须重启才能生效，返回 I/O 配置窗口（界面），继续其他参数设置。

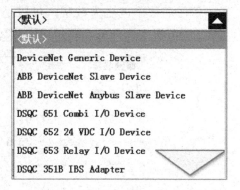

图 4-12　添加模板 DSQC652

1. 设置数字输入信号

前面已经介绍过，通信板上都带有一些接口端子，而且每个端子都有自己的通信地址，为了读取或设置这些通信端子上的数据，必须定义一个与之相对应的信号，其定义过程如图 4-13～图 4-15 所示。

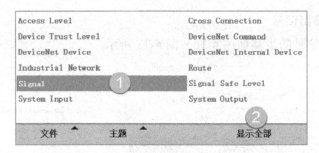

①—双击 Signal，或单击；②—显示全部

图 4-13　设置信号

图 4-14　添加信号

137

信号名称不能全为数字，可以是其他字符的组合。例如，采用信号类型+地址的方式，如 di0 表示地址为 0 的输入信号名称，如图 4-15 所示。

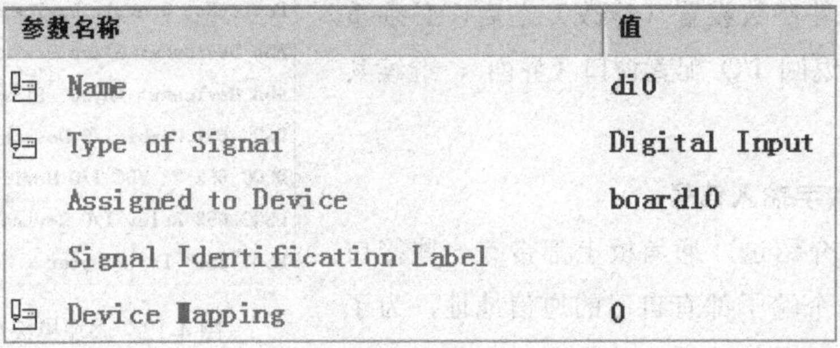

参数名称	值
Name	di 0
Type of Signal	Digital Input
Assigned to Device	board10
Signal Identification Label	
Device Mapping	0

图 4-15　设置信号参数

2. 设置数字输出信号

设置数字输出信号的步骤如图 4-16～图 4-18 所示。

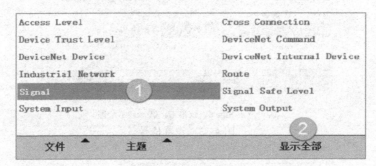

图 4-16　选取添加信号

图 4-17　添加

注意：数字输出信号地址开始于 0。

在示教器中，应用同样的方法也可以创建模拟输入、模拟输出、组输入信号和组输出信号。

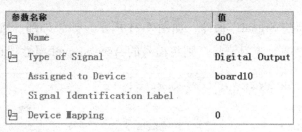

参数名称	值
Name	do0
Type of Signal	Digital Output
Assigned to Device	board10
Signal Identification Label	
Device Mapping	0

图 4-18 输出信号参数

4.2.2 在 RobotStudio 的 I/O 系统中进行 I/O 配置

当机器人系统中包含 709-1DeviceNet 选项时，在 RobotStudio 中同样可以创建 Device
NetDevice、数字输入信号、数字输出信号、模拟输入信号和模拟输出信号。

1. 创建 DeviceNet 设备

选择 DeviceNet 网络选项，创建 DeviceNet 设备 board10，操作方法如下：选择控制器（或
RAPID）菜单，在"控制器"浏览窗口中双击"I/O System"，右键单击"Device
NetDevice"，在弹出的快捷菜单中选择"新建 Device NetDevice"命令，如图 4-19 所示。

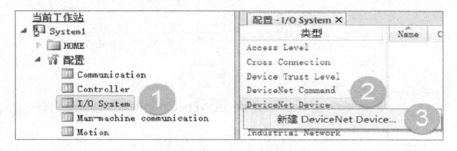

图 4-19 I/O System

创建 DeviceNet Device 设备有两种方法：一种是直接在模板中添加，只需更改
DeviceNet Device 板的名称；另一种是自己定义，要设置 VendorID、Product Code、
Connection OutputSize（bytes）、Connection InputSize（bytes）等选项。编辑 DeviceNet
Device 实例如图 4-20 所示。

在配置的 Communication 表格中将显示已新建的 DeviceNet 设备实例 board10。

2. 创建数字输入/输出信号

双击配置节点中的"I/O System"→"Signal"，右键单击任意一信号名称，在弹出的

快捷菜单中选择"新建 Signal"命令，如图 4-21 所示。如果外部（例如，使用 PCSDK 开发的机器人控制客户端）访问信号，则将信号的 AccessLevel 属性值设为 All。

使用来自模板的值	DSQC 651 Combi I/O Device	
名称	值	信息
Name	board10	已更改
Connected to Industrial Network	DeviceNet	
State when System Startup	Activated	
Trust Level	DefaultTrustLevel	
Simulated	○ Yes ● No	
Vendor Name	ABB Robotics	已更改
Product Name	Combi I/O Device	已更改
Recovery Time (ms)	5000	
Identification Label	DSQC 651 Combi I/O Device	已更改
Address	10	已更改
Vendor ID	75	
Product Code	25	已更改
Device Type	100	
Production Inhibit Time (ms)	10	
ConnectionType	Change-Of-State (COS)	已更改
PollRate	1000	
Connection Output Size (bytes)	5	已更改
Connection Input Size (bytes)	1	已更改
Quick Connect	○ Activated ● Deactivated	

图 4-20　编辑 DeviceNet Device 实例

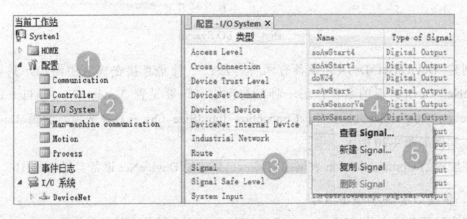

图 4-21　新建信号

（1）创建数字输入信号，如图 4-22 所示。

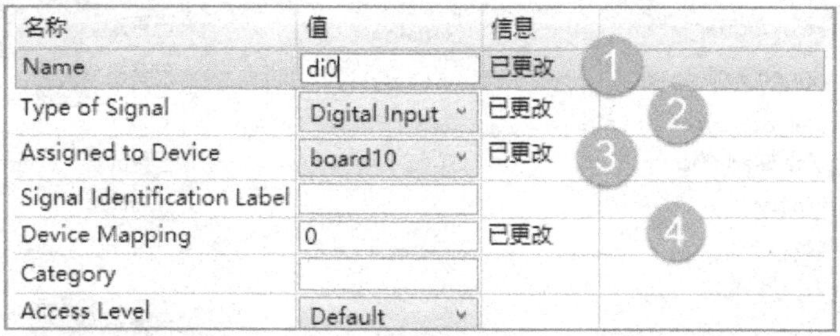

名称	值	信息
Name	di0	已更改 ①
Type of Signal	Digital Input	已更改 ②
Assigned to Device	board10	已更改 ③
Signal Identification Label		
Device Mapping	0	已更改 ④
Category		
Access Level	Default	

①—信号名称；②—信号类型；③—连接到的模块；④—地址

图 4-22　数字输入信号

（2）创建数字输出信号，如图 4-23 所示。

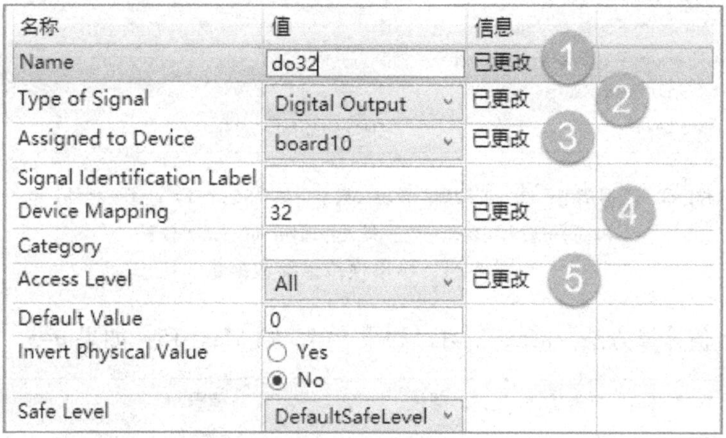

名称	值	信息
Name	do32	已更改 ①
Type of Signal	Digital Output	已更改 ②
Assigned to Device	board10	已更改 ③
Signal Identification Label		
Device Mapping	32	已更改 ④
Category		
Access Level	All	已更改 ⑤
Default Value	0	
Invert Physical Value	○ Yes ◉ No	
Safe Level	DefaultSafeLevel	

①—信号名称；②—信号类型；③—连接到的模块；④—地址；⑤—访问级别

图 4-23　数字输出信号

3．创建模拟量信号

创建模拟量信号的方法与创建数字量信号的方法基本相似，在弹出的新建信号实例编辑框中将信号类型设为（输入或输出）模拟量，如图 4-24 所示。

4．创建组信号

1）组输入信号

组输入信号是将几个数字输入信号组合在一起，接收外部设备输入的 BCD 码的十进制数。组输入信号创建方法如图 4-25 所示。

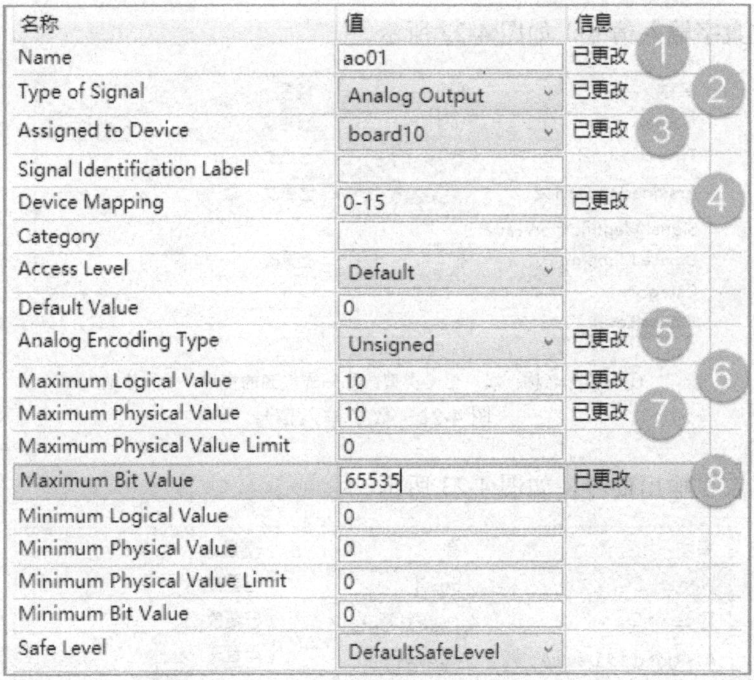

名称	值	信息
Name	ao01	已更改 ①
Type of Signal	Analog Output	已更改 ②
Assigned to Device	board10	已更改 ③
Signal Identification Label		
Device Mapping	0-15	已更改 ④
Category		
Access Level	Default	
Default Value	0	
Analog Encoding Type	Unsigned	已更改 ⑤
Maximum Logical Value	10	已更改 ⑥
Maximum Physical Value	10	已更改 ⑦
Maximum Physical Value Limit	0	
Maximum Bit Value	65535	已更改 ⑧
Minimum Logical Value	0	
Minimum Physical Value	0	
Minimum Physical Value Limit	0	
Minimum Bit Value	0	
Safe Level	DefaultSafeLevel	

①—信号名称；②—信号类型；③—连接到的模块（板卡，如 DSQC651）；④—地址；⑤—增强类型；
⑥—最大逻辑值；⑦—最大物理值；⑧—最大位置

图 4-24 输出模拟量参数编辑

组信号参数值计算方法：Max=2^n−1，如果 n=4，则 Max=15；如果 n=5，则 Max=31。

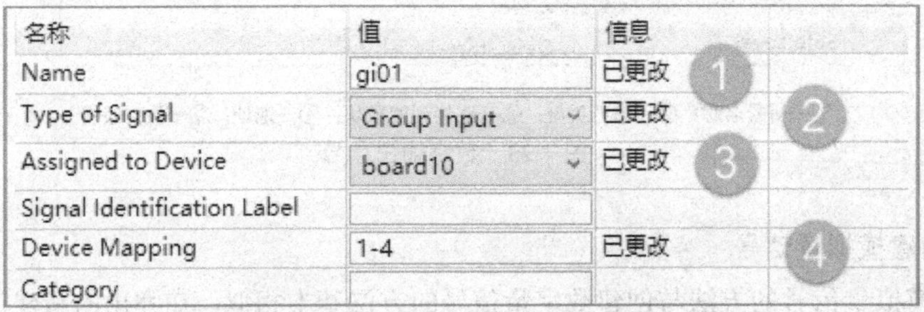

名称	值	信息
Name	gi01	已更改 ①
Type of Signal	Group Input	已更改 ②
Assigned to Device	board10	已更改 ③
Signal Identification Label		
Device Mapping	1-4	已更改 ④
Category		

①—信号名称；②—信号类型；③—连接到的模块；④—地址

图 4-25 组输入信号创建方法

2）组输出信号

组输出信号是将几个数字输出信号组合在一起，用于输出 BCD 编码的十进制数。组输出信号创建方法如图 4-26 所示。

名称	值	信息	
Name	go01	已更改	①
Type of Signal	Group Output	已更改	②
Assigned to Device	board10	已更改	③
Signal Identification Label			
Device Mapping	33-36	已更改	④
Category			

①—信号名称；②—信号类型；③—连接到的模块；④—地址

图 4-26   组输出信号创建方法

信号设置完成，重新启动控制器，设置生效，配置成功的 I/O System 如图 4-27 所示，配置成功的 I/O 网络 DeviceNet 如图 4-28 所示。

图 4-27   配置 I/O System

名称	类型	值	最小值	最大值	已仿真	网络	设备	设备映射
ao01	AO	0	0	10	否	DeviceNet	board10	0-15
di0	DI	0	0	1	否	DeviceNet	board10	0
do32	DO	0	0	1	否	DeviceNet	board10	32
gi01	GI	0	0	15	否	DeviceNet	board10	1-4
go01	GO	0	0	15	否	DeviceNet	board10	33-36

图 4-28   I/O 网络 DeviceNet

工业机器人仿真技术入门与实训

任务实施

本节任务实施见表 4-9 和表 4-10。

表 4-9　I/O 配置任务书

姓　　名		任务名称	I/O 配置
指导教师		同组人员	
计划用时		实施地点	
时　　间		备　　注	
任 务 内 容			

1. 掌握在示教器中配置机器人 I/O 信号的方法。
2. 掌握在 RobotStudio 中配置机器人 I/O 信号的方法。

考核项目	在示教器中配置机器人 I/O 信号	
	在 RobotStudio 中配置机器人 I/O 信号	

资　　料	工　　具	设　　备
教材		计算机

144

表 4-10　I/O 配置任务完成报告

姓　　名		任务名称	I/O 配置
班　　级		同组人员	
完成日期		实施地点	

操作题

在完成 4.1 节的基础上，完成以下操作。

（1）在示教器中添加 DSQC652（地址为 10）的 DeviceNet 设备。

（2）在示教器中配置一个数字输入信号 di0（地址为 0）。

（3）在 RobotStudio 中配置一个数字输出信号 do1（地址为 1），如图 4-29 所示。

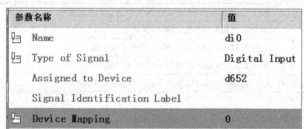

图 4-29　添加 DeviceNet 设备与信号

任务评价

本章任务评价见表 4-11。

表 4-11　任务评价表

任务名称	ABB 工业机器人 I/O 配置				
姓　　名		学　　号			
任务时间		实施地点			
组　　号		指导教师			
小组成员					
检查内容					
评价项目	评价内容		配分	评价结果	
				自评	教师
资讯	1. 明确任务学习目标		5		
	2. 查阅相关学习资料		10		
计划	1. 分配工作小组		3		
	2. 小组讨论考虑安全、环保、成本等因素，制订学习计划		7		
	3. 教师是否已对计划进行指导		5		
实施	准备工作	1. 了解 DSQC652 输入/输出模块结构和接口连接说明	10		
		2. 掌握在 RobotStudio 的虚拟示教器中进行 I/O 配置	10		
		3. 掌握在 RobotStudio 的 I/O 系统中进行 I/O 配置	10		
	技能训练	1. 能描述 DSQC652 输入/输出模块结构	7		
		2. 能完成 DSQC652 输入/输出模块接口连接	7		
		3. 能在 RobotStudio 的虚拟示教器中完成 I/O 配置	8		
		4. 能在 RobotStudio 的 I/O 系统中完成 I/O 配置	8		
安全操作与环保	1. 工装整洁		2		
	2. 遵守劳动纪律，注意培养一丝不苟的敬业精神		3		
	3. 严格遵守本专业操作规程，符合安全文明生产要求		5		
总结	你在本次任务中有什么收获？				
	反思本次学习的不足，请说说下次如何改进。				
综合评价（教师填写）					

思考与练习

创建一个简单的搬运机器人工作站，创建相应的工具、工件，并添加相应的信号。

要求如下。

（1）机器人 IRB1200_7_70_STD_01。

（2）工具的矩形体长度为 500mm、宽度为 200mm、高度为 20mm，工具的圆柱体半径为 25mm、高度为 60mm，调整两个物体的位置，运用"建模"选项卡下的"CAD 操作"组中的"结合"工具把两个物体结合成部件_3，删除前面两个部件，修改部件_3 的名称为"工具"，再根据前面的方法创建工具（见图 4-30），将工具安装到机器人法兰盘中。

（3）工件的矩形体长度为 300mm、宽度为 300mm、高度为 300mm，修改颜色为绿色，重命名部件为"工件"，如图 4-31 所示。

（4）运用"从布局"方法添加机器人系统，包含功能选项（中文 Chinese、709-1DeviceNetMaster/Slave）。

（5）在示教器中添加 d652（地址为 10）的 DeviceNet 设备，在 RobotStudio 软件中配置一个数字输出 I/O 信号 do1（地址为 1）。

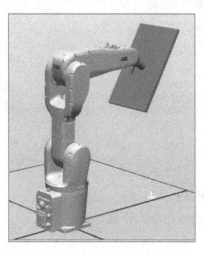

图 4-30　工具

图 4-31　工件

第 5 章

RAPID 编程与调试

RAPID 语言用于对 ABB 工业机器人进行逻辑、运动及 I/O 控制，类似于高级编程语言，与 VB 和 C 语言结构相近，通常使用 RobotStudio 作为开发工具。

本章讲述 RAPID 语言编写的程序的结构、流程及 I/O 控制方法。

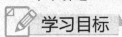 学习目标

知识目标

（1）了解 RAPID 程序的结构；

（2）了解 RAPID 语言的数据类型及声明方法；

（3）了解 RAPID 语言中表达式的编写方法；

（4）了解 RAPID 语言中流程指令的使用方法；

（5）了解 RAPID 语言中运动指令的使用方法；

（6）了解 RAPID 语言中输入/输出指令的使用方法；

（7）掌握手动编程的方法；

（8）掌握离线编程的方法。

技能目标

（1）能简述 RAPID 数据类型及声明方法；

（2）能使用 RAPID 语言编写基本的表达式；

（3）能掌握 RAPID 语言中流程指令的使用方法；

（4）能掌握 RAPID 语言中运动指令和输入/输出指令的使用方法；

（5）能掌握手动编程和离线编程的方法。

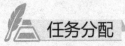 任务分配

5.1 基本 RAPID 编程

5.2 手动编程

5.3 离线编程

5.1 基本 RAPID 编程

RAPID 程序由程序模块与系统模块组成，而程序模块又可由多个例行程序组成，在一个例行程序中可以包含许多控制机器人的指令，这些特定的指令可以移动机器人、读取输入信号、设定输出信号等。

RAPID 程序根据用途的不同可自定义为不同的模块，每个模块都可以包括程序数据、例行程序、中断、功能等，模块间的数据、程序、中断及功能可相互调用。

本节介绍 RAPID 程序结构、程序数据、表达式、流程指令、控制程序流程、运动及输入/输出信号。

 知识准备

5.1.1 程序结构

1. 简介

1）指令

程序是由对机械臂工作加以说明的指令构成的。不同操作对应不同的指令，如移动机械臂对应一个指令，设置信号输出对应一个指令。

2）程序

程序分为 3 类：无返回值程序、有返回值程序和软中断程序。

（1）无返回值程序用作子程序。

（2）有返回值程序会返回一个特定类型的数值。此程序用作指令的参数。

（3）软中断程序提供了一种中断应对方式。一个软中断程序对应一次特定中断，如设置一个输入信号，若发生对应中断，则自动执行该输入信号。

3）数据

可按数据形式保存信息。如工具数据，包含对应工具的所有相关信息，如工具的工具中心接触点及其重量等。数据分为多种类型，不同类型的数据所包含的信息也不同，如工具、位置和负载等。

4）其他特征

语言中还有如下其他特征。

（1）程序参数。

（2）算术表达式和逻辑表达式。

（3）自动错误处理器。

（4）模块化程序。

（5）多任务处理。

2．模块

模块分为程序模块和系统模块，如图 5-1 所示。

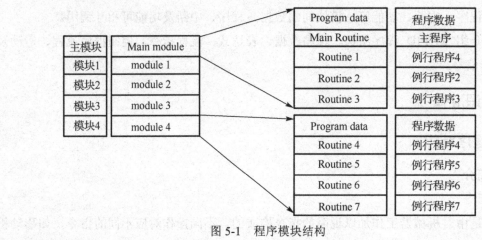

图 5-1　程序模块结构

1）程序模块

程序模块由各种数据和程序构成。每个模块或整个程序都可复制到磁盘和内存盘等设备中，反过来，也可从这些设备中复制模块或程序。

其中一个模块中含有入口过程，它被称为 Main 的全局过程。执行程序实际上就是执行 Main 过程。程序可包括多个模块，但其中一个模块必须包含一个 Main 过程，且整个程序只允许包含一个 Main 过程。

2）系统模块

用系统模块定义常见的系统专用数据和程序，如工具等。系统模块不会随程序一同保存，也就是说，对系统模块的任何更新都会影响程序内存中当前所有的或随后会载入其中的所有程序。

3）模块声明

模块声明介绍了相应模块的名称和属性。这些属性只能通过离线添加，不能用 FlexPendant 示教器添加。表 5-1 所示为某模块的属性示例。

表 5-1　模块属性

属　性	规 定 说 明
SYSMODULE	模块分为系统模块和编程模块
NOSTEPIN	在逐步执行期间不能进入模块
VIEWONLY	模块无法修改
READONLY	模块无法修改，但可以删除其属性
NOVIEW	模块不可读，只可执行。可通过其他模块接近全局程序，此程序通常以 NOSTEPIN 方式运行。目前全局数据数值可从其他模块或 FlexPendant 示教器上的数据窗口接近。NOVIEW 只能通过 PC 在线下定义

示例如下：

```
MODULE module_name(SYSMODULE, VIEWONLY)
    !data type definition
    !data declarations
    !routine declarations
ENDMODULE
```

某模块可能与另一模块的名称不同，或可能没有全局程序或数据。

4）程序文件结构

如上所述，名称已定的程序中包含所有程序模块。将程序保存到闪存盘或大容量内存上时，会生成一个新的以该程序名称命名的文件夹。所有程序模块都保存在该文件夹中，对应文件扩展名为.mod。另外，随之一起存入该文件夹的还有同样以程序名称命名的相关使用说明文件，扩展名为.pgf。该使用说明文件包括程序中所含的所有模块的一份列表。

5）在示教器中创建模块

切换到手动模式，单击 ABB 主菜单，选择程序编辑器，在全新状态下（当用户自定义模块不存在时），系统提示"不存在程序"，选择取消，系统自动生成两个模块（不可删除），单击"文件"中的"新建模块"，将会提示"指针丢失"，选择"是"，重命名模块，将类型设置为"program"，单击"确定"按钮。在示教器中创建模块的流程如图 5-2 所示。

6）在 RobotStudio 中创建模块

在 RobotStudio 中创建模块，如图 5-3 所示。单击"控制器"浏览器，右键单击任务，新建模块，输入模块名称。

工业机器人仿真技术入门与实训

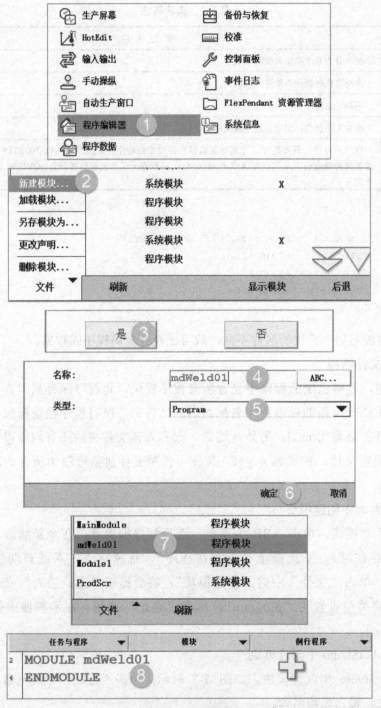

图 5-2　创建模块

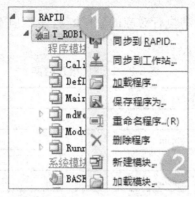

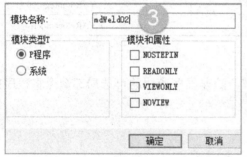

图 5-3　在 RobotStudio 中新建模块

3．系统模块 USER

为简化编程过程，在提供机械臂的同时要提供预定义数据。由于未明确要求必须创建此类数据，因此，此类数据不能直接使用。

系统模块数据可使初始编程更简单。通常重新为所用数据命名，以便更轻松地查阅程序。

USER 包含 8 个数值数据（寄存器）、1 个对象数据、1 个计时函数和 2 个数字信号符号值，见表 5-2。

USER 是一个系统模块，无论是否加载程序，它都会出现在机械臂内存中。

4．程序

程序（子程序）分为无返回值程序、有返回值程序和软中断程序。

● 无返回值程序不会返回数值。该程序用于指令中。

● 有返回值程序会返回一个特定类型的数值。该程序用于表达式中。

● 软中断程序提供了一种中断应对方式。一个软中断程序只对应一次特定中断。一且发生中断，则将自动执行对应的软中断程序。但不能从程序中直接调用软中断程序。

表 5-2　USER 模块数据

名　　称	数 据 类 型	声　　明
Reg1	num	VARnumreg1:=0
Reg2	num	VARnumreg2:=0
Reg3	num	VARnumreg3:=0
Reg4	num	VARnumreg4:=0
Reg5	num	VARnumreg5:=0
Clock1	clock	VARclockclock1

1）程序的范围

程序的范围是指可获得程序的区域。除非程序声明的可选局部命令将程序归为局部程序（在模块内），否则为全局程序。

示例如下：

```
LOCALPROC local_routine(...
PROC global_routine(...
```

程序适用的范围规则如下。

（1）全局程序的范围可能包括任务中的任意模块。

（2）局部程序的范围由其所处模块构成。

（3）在范围内，局部程序会隐藏名称相同的所有全局程序或数据。

（4）在范围内，程序会隐藏名称相同的所有指令、预定义程序和预定义数据。

2）参数

程序声明中的参数列表明确规定了调用程序时必须指出能提供的参数（实参）。

参数包括如下 4 种（按访问模式区分）。

（1）正常情况下，参数仅用作输入，同时被视作程序变量。改变此变量，不会改变对应参数。

（2）INOUT 参数规定，对应参数必须为变量（整体、元素或部分）或对应参数必须为可为程序所改变的完整的永久数据对象。

（3）VAR 参数规定，对应参数必须为可为程序所改变的变量（整体、元素或部分）。

（4）PERS 参数规定，对应参数必须为可为程序所改变的完整的永久数据对象。

更新 INOUT、VAR 或 PERS 参数事实上就等同于更新了参数本身，借此可用参数将多个数值返回到调用程序。

3）程序终止

通过 RETURN 指令明确无返回值程序执行终止，或在到达无返回值程序末端（ENDPROC、BACKWARD、ERROR 或 UNDO）时，即暗示执行终止。

4）程序声明

程序包含程序声明（包括参数）、数据、正文主体、反向处理器（仅限无返回值程序）、错误处理器和撤销处理器。不能套入程序声明，即不能在程序中声明程序。

5）在示教器中创建程序

创建例行程序，单击"例行程序"→"文件"→"新建例行程序"（注意：控制器必须在手动模式下），自定义例行程序声明，单击"显示例行程序"→"添加指令"。操作步骤如图 5-4 所示。

注意：添加指令前，<SMT>占位符必须选中，否则添加指令为不可用状态。

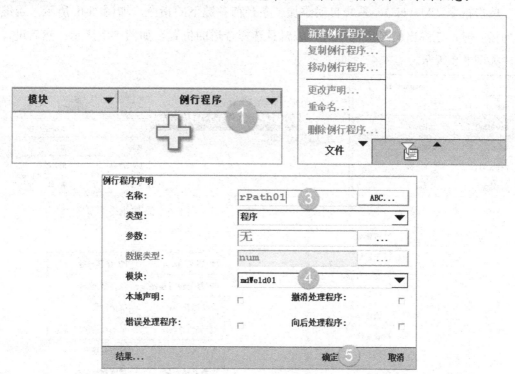

图 5-4　新建例行程序

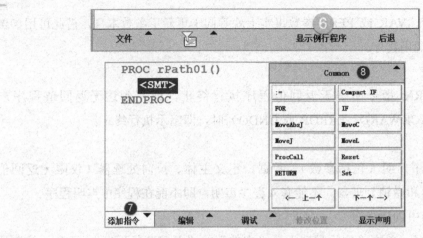

图 5-4　新建例行程序（续）

单击"Common"按钮，显示系统内的所有命令分类，选择不同类型的命令，系统显示该类命令中所有的指令，如图 5-5 所示。

单击指令（MoveL），系统自动添加一条当前参数下的指令，如图 5-6 所示。当继续添加指令时，在弹出的对话框中进行编辑且选择合适的位置，如图 5-7 所示；然后进行调试，如图 5-8 所示。

图 5-5　指令　　　　　　　　　　　　　　图 5-6　添加指令

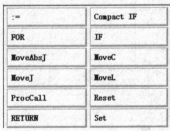

图 5-7　编辑　　　　　　　　　　　　　图 5-8　调试

5.1.2　程序数据

1. 数据类型

（1）基本类型：不是基于其他任意类型定义的且不能再分为多个部分的基本数据，如 num。

（2）记录数据类型：含多个有名称的有序部分的复合类型，如 pos。其中任意部分可能由基本类型构成，也可能由记录类型构成。

可用聚合表示法表示记录数值，如[300，500，depth]pos 记录聚合值。

通过某部分的名称可访问数据类型的对应部分，如 pos1.x:=300；pos1 的 x 部分赋值。

（3）Alias 数据类型：这种数据类型等同于其他类型，Alias 类型可对数据对象进行分类。

2. 数据声明

1）数据的声明

（1）程序执行期间，可赋予一个变量新值。

（2）一个数据可被称为永久变量。这一点通过如下方式实现，即更新永久数据对象数值自发导致待更新的永久声明数值初始化（保存程序的同时，任意永久声明的初始化值反映的都是对应永久数据对象的当前值）。

（3）各常量代表各个静态值，不能赋予其新值。

数据声明通过将名称（标识符）与数据类型联系在一起，引入数据。除了预定义数据和循环变量外，必须声明所用的其他所有数据。

2）数据的范围

数据的范围是指可获得数据的区域。除非数据声明的可选局部命令将数据归为局部数据（在模块内），否则为全局数据。注意局部命令仅限用于模块级，不能用在程序内。

示例如下：

```
LOCALVA Rnum local_variable;
VAR numg lobal_variable;
```

3）变量声明

可通过变量声明引入变量。同时也可进行系统全局、任务全局或局部变量声明。

示例如下：

```
VAR num globalvar:=123;
TASK VAR num taskvar:=456;
LOCAL VAR num localvar:=789;
```

4）永久数据对象声明

只能在模块级进行永久数据对象声明，在程序内不能。可进行系统全局、任务全局或局部永久数据对象声明。

示例如下：

```
PERS num globalpers:=123;
TASK PERS num taskpers:=456;
LOCAL PERS num localpers:=789;
```

5）常量声明

通过常量声明引入常量。常量值不可更改。

示例如下：

```
CONST num pi:=3.141592654;
```

6）启动数据

常量或变量的初始化值可为常量表达式。

永久数据对象的初始化值只能是文字表达式。

示例如下：

```
CONST num a:=2;
CONST num b:=3;
```

5.1.3　表达式

1. 表达式类型

1）描述

表达式指定数值的评估，可以用作以下几种情况。

（1）在赋值指令中。示例：

```
a:=3*b/c;
```

（2）作为 IF 指令中的一个条件。示例：

```
IF a>=3THEN…
```

（3）指令中的变元。示例：

```
WaitTime time;
```

（4）功能调用中的变元。示例：

```
a:=Abs(3*b);
```

2）算术表达式

算术表达式用于求解数值。示例：

```
2*pi*radius
```

2．运用表达式中的数据

变量、永久数据对象或常量整体可作为表达式的组成部分。示例：

```
2*pi*radius
```

（1）数组。整个数组或单一元素中可引用声明为数组的变量、永久数据对象或常量。

运用元素的索引号引用数组元素。索引号为大于 0 的整数值，不会违背所声明的阶数。

索引值 1 对应的是第一个元素。索引表中的元素量必须与声明的数组阶数（1 阶、2 阶或 3 阶）相配。

示例如下：

```
VAR num row{3};
VAR num column{3};
VAR num value;
!get one element from the array
value:=column{3};
!get all elements in the array
row:=column;
```

（2）记录。整个记录或单一部分中可引用声明为记录的变量、永久数据对象或常量。运用部分名称引用记录部分。

示例如下：

```
VAR pos home;
VAR pos pos1;
VAR num y value;
..
!get the Y component only
yvalue:=home.y;
```

```
!get the whole position
pos1:=home;
```

3. 运用表达式中的聚合体

聚合体可用于记录或数组数值中。

示例如下：

```
!pos record aggregate
pos:=[x, y, 2*x];
!pos array aggregate
Pos arr:=[[0, 0, 100], [0, 0, z]];
```

操作前提：必须根据上下文确定范围内聚合项的数据类型。各聚合项的数据类型必须等于类型确定的相应项的类型。

示例如下（通过 p1 确定的聚合类型 pos-）：

```
VAR pos pl;
p1:=[1, -100, 12];
```

不允许存在（由于任意聚合体的数据类型都不能通过范围决定，因此不允许存在）的示例：

```
VAR pos pl;
IF[1, -100, 12]=[a, b, b] THEN
```

4. 运用表达式中的函数调用

通过函数调用，求特定函数的值，同时接收函数返回的值。

示例：

```
Sin(angle)
```

1）变元

运用函数调用的参数将数据传递至所调用的函数（即也可从调用的函数中调动数据）。参数的数据类型必须与相应函数参数的类型相同。可选参数可忽略，但（当前）参数的顺序必须与形参的顺序相同。此外，声明两个及两个以上可选参数相互排斥，在此情况下，同一参数列表中只能存在一个可选参数。

用逗号","将必要（强制性）参数与前一参数隔开。形参名称既可列入其中，也可忽略。

可选参数前必须加一个反斜线"\"和形参名称。开关型参数具有一定的特殊性，可能不含任何参数表达式。而且此类参数就只有"存在"或"不存在"两种情况。

运用条件式参数，支持可选参数沿程序调用链平稳延伸。若存在指定的（调用函数的）可选参数，则可认为条件式参数"存在"，反之则可认为已忽略。注意指定参数必须为可选参数。

2）参数

函数参数列表为各个参数指定了一种访问模式。访问模式包括 in、inout、var 或 pers。

（1）一个 in 参数（默认）允许参数为任意表达式。所调用的函数将该参数视作常量。

（2）一个 inout 参数要求相应参数为变量（整体、数组元素或记录部分）或一个永久数据对象整体。所调用的函数可全面（读/写）接入参数。

（3）一个 var 参数要求相应参数为变量（整体、数组元素或记录部分）。所调用的函数可全面（读/写）接入参数。

（4）一个 pers 参数要求相应参数为永久数据对象整体。所调用的函数可全面（读/更新）接入参数。

5．运算符之间的优先级

相关运算符的相对优先级决定了求值的顺序。圆括号能够覆写运算符的优先级。首先求解优先级较高的运算符的值，然后求解优先级较低的运算符的值。优先级相同的运算符则按从左到右的顺序进行求值。

5.1.4　流程指令

连续执行指令，除非程序流程指令中断或错误导致执行中途中断，否则，继续执行。多数指令都通过分号";"终止。标号通过冒号":"终止。有些指令可能含有其他指令，要通过具体关键词才能终止。

示例如下：

```
if…endif
for…endfor
while…endwhile
test…endtest
```

5.1.5　控制程序流程

一般而言，程序都是按序（即按指令）执行的。但有时需要指令以中断循序执行过程和调用另一指令，以处理执行期间可能出现的各种情况。

1．编程原理

可基于如下 5 种原理控制程序流程。

（1）调用另一程序（无返回值程序）并执行该程序后，按指令继续执行。

（2）基于是否满足给定条件，执行不同指令。

（3）重复某一指令序列多次，直到满足给定条件。

（4）移至同一程序中的某一标签。

（5）终止程序执行过程。

2．调用其他程序

表 5-3 所示为程序调用指令，表 5-4 所示为程序范围内的程序控制，表 5-5 所示为终止程序执行过程。

表 5-3　程序调用指令

指　　令	用　　途
ProcCall	调用（跳转至）其他程序
CallByVar	调用有特定名称的无返回值程序
RETURN	返回原来的程序

表 5-4　程序范围内的程序控制

指　　令	用　　途
Compact IF	只有满足条件时才能执行指令
IF	基于是否满足条件，执行指令序列
FOR	重复一段程序多次
WHILE	重复指令序列，直到满足给定条件
TEST	基于表达式的数值执行不同指令
GOTO	跳转至标签
label	指定标签（线程名称）

表 5-5　终止程序执行过程

指　　令	用　　途
Stop	停止程序执行
EXIT	不允许程序重启时，终止程序执行过程
Break	为排除故障，临时终止程序执行过程
SystemStopAction	终止程序执行过程和机械臂移动
ExitCycle	终止当前循环，将程序指针移至主程序中第一个指令处，选中执行模式 CONT 后，在下一程序循环中，继续执行

5.1.6 运动

1. 机械臂运动原理
将机械臂移动设为姿态到姿态移动，即从当前位置移到下一位置。随后机械臂可自动计算出两个位置之间的路径。

2. 编程原理
通过选择合适的定位指令，可确定基本运动特征，如路径类型等。

3. 定位指令
表 5-6 所示为定位指令。

表 5-6 定位指令

指　令	移　动　类　型
MoveC	工具中心接触点（TCP）沿圆周路径移动
MoveJ	关节运动
MoveL	工具中心接触点（TCP）沿直线路径移动
MoveAbsJ	绝对关节移动
MoveExtJ	在无工具中心接触点的情况下，沿直线或圆周移动附加轴
MoveCAO	沿圆周移动机械臂，设置转角处的模拟信号输出
MoveCDO	沿圆周移动机械臂，设置转角路径中间的数字信号输出
MoveCGO	沿圆周移动机械臂，设置转角处的组输出信号
MoveJAO	通过关节运动移动机械臂，设置转角处的模拟信号输出
MoveJDO	通过关节运动移动机械臂，设置转角路径中间的数字信号输出
MoveJGO	通过关节运动移动机械臂，设置转角处的组输出信号
MoveLAO	沿直线移动机械臂，设置转角处的模拟信号输出
MoveLDO	沿直线移动机械臂，设置转角路径中间的数字信号输出
MoveLGO	沿直线移动机械臂，设置转角处的组输出信号
MoveCSync	沿圆周移动机械臂，执行 RAPID 无返回值程序
MoveJSync	通过关节运动移动机械臂，执行 RAPID 无返回值程序
MoveLSync	沿直线移动机械臂，执行 RAPID 无返回值程序

4. 搜索
移动期间，机械臂可搜索对象的位置等信息，并储存搜索的位置（通过传感器信号显示），可供随后用于确定机械臂的位置或计算程序位移。表 5-7 所示为搜索指令。

表 5-7　搜索指令

指　　令	移　动　类　型
SearchC	沿圆周路径的工具中心接触点
SearchL	沿直线路径的工具中心接触点
Break	为排除故障，临时终止程序执行过程
SearchExtJ	当仅移动线性或旋转外轴时，用于搜索外轴位置

5.1.7　输入/输出信号

1．信号

机械臂配有多个数字和模拟用户信号，这些信号可读，也可在程序内对其进行更改。

2．编程原理

通过系统参数定义信号名称。这些名称通常用于 I/O 操作读取或设置程序中。规定模拟信号或一组数字信号的值为数值。

3．变更信号值

表 5-8 所示为变更信号值。

表 5-8　变更信号值

指　　令	用　于　定　义
InvertDO	转换数字信号输出信号值
PulseDO	产生关于数字信号输出信号的脉冲
Reset	重置数字信号输出信号（为 0）
Set	设置数字信号输出信号（为 1）
SetAO	变更模拟信号输出信号的值
SetDO	变更数字信号输出信号的值（符号值，如高/低）
SetGO	变更一组数字信号输出信号的值

4．读取输入信号值

通过程序可直接读取输入信号值，示例如下：

```
!Digitalinput
IF di1=1 THEN...
!Digitalgroupinput
IF gi1=5 THEN...
!Analoginput
IF ai1>5.2 THEN...
```

5. 读取输出信号值

表 5-9 所示为读取输出信号。

表 5-9　读取输出信号

指　　令	用 于 定 义
AOutput	读取当前模拟信号输出信号的值
DOutput	读取当前数字信号输出信号的值
GOutput	读取当前一组数字信号输出信号的值
GOutputDnum	读取当前一组数字信号输出信号的值。可用多达 32 位处理数字组信号。返回读取到的 dnum 数据类型的值
GInputDnum	读取当前一组数字信号输入信号的值。可用多达 32 位处理数字组信号。返回读取到的 dnum 数据类型的值

6. 测试输入信号或输出信号

表 5-10 所示为等待输入或输出信号，表 5-11 所示为测试信号，表 5-12 所示为信号来源。

表 5-10　等待输入或输出信号

指　　令	用 于 定 义
WaitDI	等到设置或重设数字信号输入时
WaitDO	等到设置或重设数字信号输出时
WaitGI	等到将一组数字信号输入信号设为一个值时
WaitGO	等到将一组数字信号输出信号设为一个值时
WaitAI	等到模拟信号输入小于或大于某个值时
WaitAO	等到模拟信号输出小于或大于某个值时

表 5-11　测试信号

指　　令	用 于 定 义
TestDI	测试有没有设置数字信号输入
ValidIO	获得有效 I/O 信号
GetSignalOrigin	获得有关 I/O 信号来源的信息

表 5-12　信号来源

数 据 类 型	用 于 定 义
signalorigin	介绍 I/O 信号来源

7. 定义输入输出信号

表 5-13 所示为带别名信号，表 5-14 所示为定义输入输出信号。

表 5-13 带别名信号

指　令	用　于　定　义
AliasIO	定义带别名的信号

表 5-14 定义输入输出信号

数　据　类　型	用　于　定　义
dionum	数字信号的符号值
signalai	模拟信号输入信号的名称
signalao	模拟信号输出信号的名称
signaldi	数字信号输入信号的名称
signaldo	数字信号输出信号的名称
signalgi	一组数字信号输入信号的名称
signalgo	一组数字信号输出信号的名称
signalorigin	介绍 I/O 信号来源

🎨**任务实施**

本节任务实施见表 5-15 和表 5-16。

表 5-15　基本 RAPID 编程任务书

姓　名		任务名称	基本 RAPID 编程
指导教师		同组人员	
计划用时		实施地点	
时　间		备　注	
任 务 内 容			

1. 了解 RAPID 的程序结构。

2. 掌握 RAPID 的程序数据。

3. 掌握 RAPID 表达式。

4. 掌握 RAPID 流程指令。

5. 掌握控制 RAPID 程序流程。

6. 掌握机械臂运动原理。

7. 掌握输入/输出信号。

考核项目	描述 RAPID 的程序结构
	描述 RAPID 的程序数据
	描述 RAPID 的表达式
	描述 RAPID 的流程指令
	描述 RAPID 的机械臂运动原理
	描述输入/输出信号

资　料	工　具	设　备
教材		计算机

表 5-16　基本 RAPID 编程任务完成报告

姓　　名		任务名称	基本 RAPID 编程
班　　级		同组人员	
完成日期		实施地点	

单选题

（1）若要创建一个只能被该数据所在的程序模块所调用的数据，则其范围需要设为？（　　　）

A. 全局

B. 本地

C. 任务

（2）程序指针重置后，哪种类型的数据会恢复成初始值？（　　　）

A. 变量

B. 可变量

C. 常量

（3）在程序运行过程中对数据进行赋值，需要使用哪个赋值符号？（　　　）

A. =

B. ==

C. :=

（4）机器人最常用的位置数据类型为？（　　　）

A. robPosition

B. robtarget

C. jointarget

5.2　手　动　编　程

本节介绍手动编程的例子，其中包括移动指令模板的运用和路径调试。

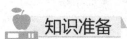

知识准备

手动编程示例：创建机器人系统，并在"盒子"左上角创建一个工件坐标，工件坐标取名为 Workobject_1（右键单击 Workobject_1，在弹出的快捷菜单中选择"重命名"命令），如图 5-9 所示。

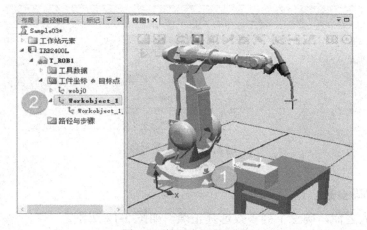

图 5-9　机器人焊接系统

机器人的任务：机器人焊枪绕着工件最上方的长方体盒的边缘一周之后，再回到待机位置。

5.2.1　移动指令模板

RobotStudio 软件界面右下方显示机器人移动指令模板，在确定目标点前先调整这些参数，如图 5-10 所示。

①为移动指令，类似的还有 MoveJ、MoveAbsJ、MoveExtJ 等。

②为机器人移动速度。

③为拐弯半径。

④为使用的工具。

⑤为参考坐标。

图 5-10　移动指令模板

1．创建空路径

选择"基本"选项卡，选择"路径"→"空路径"选项，如图 5-11 所示，系统将自动生成名为 Path_10 的路径，重命名。

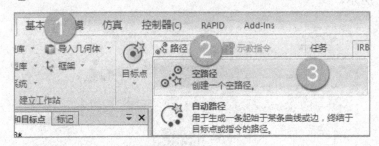

图 5-11　创建空路径

2．选择正确参数

移动机器人之前，确保下列参数选择正确，如图 5-12 所示。

（1）当前工件坐标、工具①。

（2）选择手动的参考坐标（当前工件坐标）②。

（3）单击"线性运动"工具③。

（4）选择"选择表面"④。

（5）选择"捕捉末端"⑤。

图 5-12　参数设定

3. 创建一个待机点的位置

选择"线性运动"工具，将机器人拖曳到待机点，如图 5-13 和图 5-14 所示。

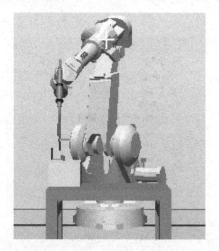 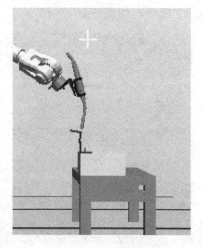

图 5-13　正视图　　　　　　　　　　　图 5-14　左视图

4. 选择指令

由于机器人运动时对运动路径没有严格要求，所以将指令（Move LTarget_10）修改成 MoveJ Target_10，如图 5-15 所示。

①—待机示教目标点；②—运动路径
图 5-15　创建待机示教点

171

5. 编辑指令

选择指令（MoveLTarget_10），在主菜单中选择"修改"→"编辑指令"→"动作类型（Joint）"选项，如图 5-16 所示。

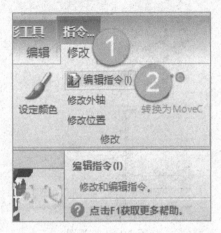

图 5-16　修改菜单

6. 生成路径

在线性运动模式下移动机器人，拖曳方向箭头移动到目标点，在基本菜单中选择"示教指令"/"生成新的移动指令"，如图 5-17 和图 5-18 所示。

图 5-17　修改示教指令

因其他目标点都是直线运动的，所以将示教指令改为 MoveL，再使用同样的方法创建其他示教指令。要灵活调整视角才能快速、有效地捕捉到目标点，如图 5-19 所示。

单击"路径和目标点"浏览器中的 Path_10，查看目标机器人的运动路径全部指令。机器人当前运动路径如图 5-20 所示。

图 5-18　线性运动移动工具

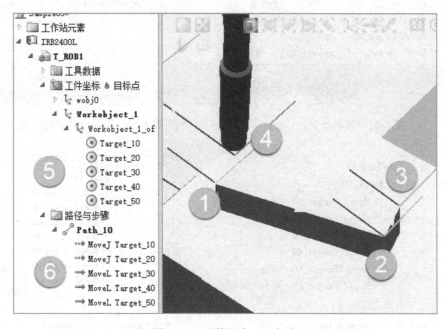

图 5-19　示教指令、目标点

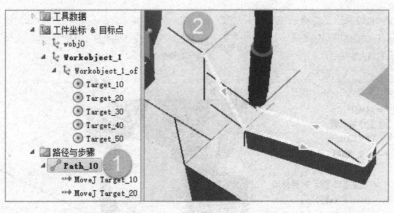

图 5-20　目标路径（Path_10）

使用用复制、粘贴功能完成余下路径的创建，如图 5-21～图 5-25 所示。

图 5-21　复制指令

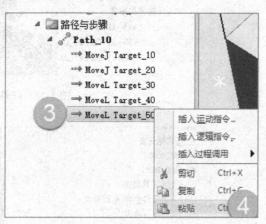

图 5-22　选择要粘贴的位置

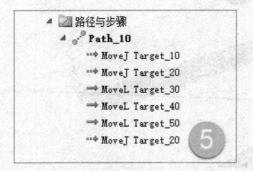

图 5-23　复制的新指令（一）

图 5-24　复制的新指令（二）

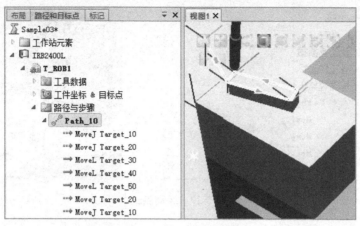

图 5-25　完整的机器人运动路径

5.2.2　路径调试

1．到达能力检查

右键单击路径名称，在弹出的快捷菜单中选择"到达能力"命令，绿色打钩说明目标点都可到达，如图 5-26 所示。

图 5-26　到达能力检查

2．运行测试

右键单击路径名称，在弹出的快捷菜单中选择"沿着路径运动"命令，如图 5-27 所示。

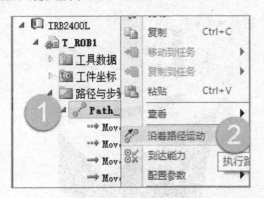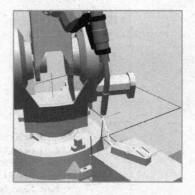

图 5-27　运动测试

任务实施

本节任务实施见表 5-17 和表 5-18。

表 5-17　手动编程任务书

姓　　名		任务名称	手动编程
指导教师		同组人员	
计划用时		实施地点	
时　　间		备　　注	
任　务　内　容			

1. 掌握移动指令模板。
2. 掌握路径调试

考核项目	描述移动指令模板		
	描述路径调试		

资　　料	工　　具	设　　备
教材		计算机

表 5-18　手动编程任务完成报告

姓　　名		任务名称	手动编程
班　　级		同组人员	
完成日期		实施地点	

操作题

　　创建一个焊接机器人工作站，安装焊枪，创建一个长度为 500mm、宽度为 200mm、高度为 200 的长方形盒子，并在"盒子"左上角创建一个工件坐标，机器人焊枪绕着正方体盒子的上方边缘一周之后，再回到待机位置，如图 5-28 所示。

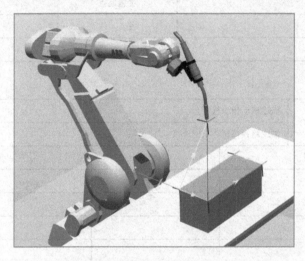

图 5-28　焊接机器人的手动编程

5.3　离 线 编 程

RobotStudio 具有强大的离线编程功能，可根据模型特征自动生成机器人轨迹，也可利用 CAM 代码直接转换成机器人代码，并且可动态分析路径性能，大大减少轨迹编程工作量。

离线编程与手动编程的区别是，离线编程非手动创建示教指令，而是通过工件几何体指定的轮廓线，自动创建运动指令的一种编程方法。而这种方法通常要求在创建工件时，工件自身具有相应的轮廓线，或专门绘制符合机器人运动轨迹的轮廓线。

本节主要通过一个实例来介绍离线编程，其中包括创建工件、工件坐标、建模、选择自动路径、工具姿态调整及路径调试。

 知识准备

在机器人路径要求较高的场合中（如焊接、切割等），可以根据 3D 模型曲线特征自动转换成机器人的运动路径，下面就通过一个实例来介绍离线编程。

实例任务：机器人焊枪沿工件（名为热水器）的顶部边缘移动。参考 5.2 节，创建图 5-29 所示的机器人工作站。

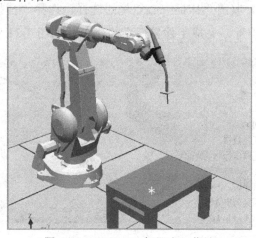

图 5-29　IRB 2400 机器人工作站

5.3.1　工件

创建（或导入）一个工件，修改其名称为"热水器"，并将其颜色设定为绿色，如图 5-30 所示。

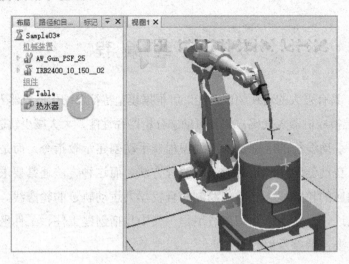

图 5-30　加入工件

5.3.2　创建工件坐标

由于工件顶面为圆形，所以，将工件坐标原点建立在圆心位置。

（1）捕捉坐标原点。选择"捕捉中心点"→"选择表面"。

（2）捕捉 X、Y 轴。取消"捕捉中心点"的选择，选择"捕捉边缘"，X 轴正向与 Y 轴正方向选择在合适的位置，完成工件坐标系的建立，如图 5-31 所示。

图 5-31　工件坐标系

5.3.3　建模

根据实例任务要求，选择"表面边界"。

（1）选择"建模"选项卡。

（2）单击"表面边界"按钮，如图 5-32 所示。

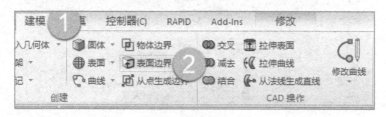

图 5-32　表面边界

（3）选择"选择表面"选项。

（4）将光标置于"选择表面"复合框中（此时也为空白）。

（5）单击圆柱体上表面，"选择表面"复合框自动填入值。

（6）单击"创建"按钮，如图 5-33 所示。

（7）在布局浏览器下方自动产生一个部件，重命名为"自定义路径"，如图 5-34 所示。

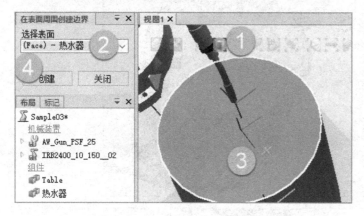

图 5-33　选择表面

图 5-34　自定义路径

5.3.4　自动路径

（1）选择"基本"选项卡，选择"路径"→"自动路径"选项，如图 5-35 所示。

（2）在捕捉工具栏中选择"曲线选择"，如图 5-36 所示。

（3）取消"曲线选择"的选择，选择"选择表面"，将光标置于参照表，依次单击"创建"和"关闭"按钮，如图 5-37 所示。

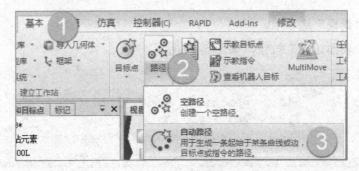

图 5-35 自动路径

图 5-36 曲线选择功能

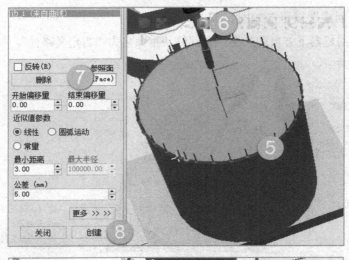

图 5-37 创建路径

5.3.5　工具姿态调整

在自动生成的路径中，可能存在一些机器人不能到达的姿态，必须对工具姿态进行调整。

（1）右键单击指令，在弹出的快捷菜单中选择"查看目标处工具"命令，显示当前工具姿态，如图 5-38 所示。

（2）在正视图中选择一个目标点（如 Target_90），用键盘的上下方向键移动（或鼠标）选择，查看目标处工具姿态，如图 5-39 所示。

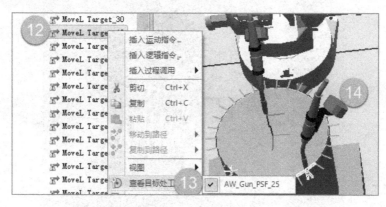

图 5-38　工具姿态（一）

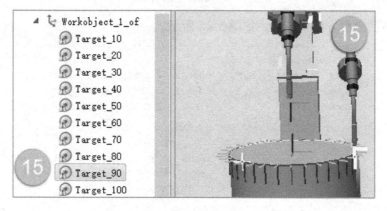

图 5-39　工具姿态（二）

（3）复制图 5-39 中的工具方向。选择"Target_90"，单击"复制方向"按钮，如图 5-40 所示。

图 5-40　复制方向菜单

（4）选择全部目标点，如图 5-41 所示。

图 5-41　选择全部目标点

（5）单击"应用方向"按钮，如图 5-42 所示。

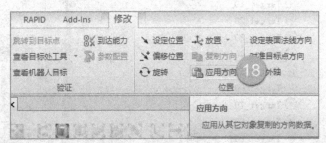

图 5-42　应用方向

（6）调整后的工具方向如图 5-43 所示。

在为目标点配置轴配置过程中，若轨迹较长，可能会遇到相邻两个目标点之间轴配置变化过大，从而在轨迹运行过程中出现"机器人当前位置无法跳转到目标点位置，请检查轴配置"等问题。此时，可以通过以下几项措施着手进行更改。

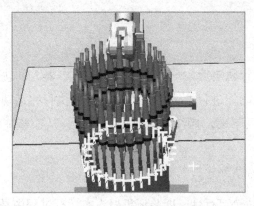

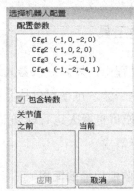

图 5-43　调整后的工具方向

① 轨迹起始点尝试使用不同的轴配置参数，如有需要，可勾选"包含转数"之后再选择轴配置参数。

② 尝试更改轨迹起始点位置。

③ SingArea、ConfL、Confl 等指令的运用。

5.3.6　路径调试

（1）路径配置，右键单击路径名称，在弹出的快捷菜单中选择"配置参数"→"自动配置"命令，如图 5-44 所示。

（2）到达能力检测。

（3）沿路径运动。

图 5-44　自动配置

5.3.7 辅助工具

在仿真过程中，规划好机器人运行轨迹后，一般需要验证当前机器人的轨迹是否会与周边设备发生干涉，可使用碰撞监控功能进行检测。此外，机器人执行完运动后，可通过TCP 跟踪功能将机器人运行轨迹记录下来，后续对轨迹进行分析，从而验证机器人轨迹到底是否满足需求。

1．碰撞监控功能的使用

模拟仿真的一个重要任务是验证轨迹可行性，即验证机器人在运行过程中是否会与周边设备发生碰撞。此外，在轨迹应用过程中（如焊接、切割等），机器人工具实体尖端与工件表面的距离需保证在合理范围之内，既不能与工件发生碰撞，也不能距离过大，从而保证工艺需求。在 RobotStudio 软件的"仿真"选项卡中有专门用于检测碰撞的功能——碰撞监控。

碰撞集包含 ObjectA 和 ObjectB 两组对象。需要将检测的对象放入两组中，从而检测两组对象之间的碰撞。当 ObjectA 内任何对象与 ObjectB 内任何对象发生碰撞时，此碰撞将显示在图形视图里并记录在输出窗口内。可在工作站内设置多个碰撞集，但每一碰撞集仅能包含两组对象。

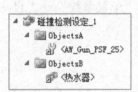

图 5-45　添加检测对象

（1）在布局窗口中单击需要检测的对象，不要松开，拖放到对应的组别，如图 5-45 所示。

（2）右键单击"碰撞检测设定_1"，在弹出的快捷菜单中选择"修改碰撞监控"命令，如图 5-46 所示。接近丢失：选择的两组对象之间的距离小于该数值时，则有颜色提示。碰撞：选择的两组对象之间发生了碰撞，则显示颜色。

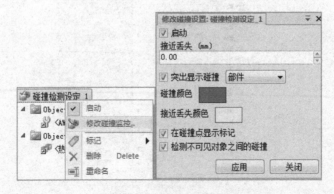

图 5-46　修改碰撞监控

在此处，设置"碰撞颜色"为红色，不设定接近丢失数值，通过手动拖动机器人工具与工件发生碰撞，观察碰撞监控效果，如图 5-47 所示。

2．TCP 跟踪功能的使用

在机器人运行过程中，可监控 TCP 的运动轨迹及运动速度，以便分析时用。

在"仿真"选项卡中单击"监控"按钮，勾选"使用 TCP 跟踪"复选框，设置追踪轨迹颜色为黄色，如图 5-48 所示。

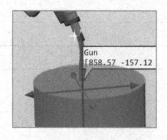

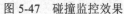

图 5-47　碰撞监控效果　　　　　　图 5-48　仿真监控设置

"仿真监控"选项卡说明见表 5-19。

表 5-19　"仿真监控"选项卡说明

启用 TCP 跟踪	选中此复选框可对选定机器人的 TCP 路径启动跟踪
跟踪长度	指定最大轨迹长度（以毫米为单位）
追踪轨迹颜色	当未启用任何警告时显示跟踪的颜色。要更改提示颜色，单击彩色框
提示颜色	当警告选项卡上所定义的任何警告超过临界值时，显示跟踪的颜色。要更改提示颜色，单击彩色框
清除轨迹	单击此按钮可从图形窗口中删除当前跟踪
使用仿真提醒	选中此复选框可对选定机器人启动仿真提醒
在输出窗口显示提示信息	选中此复选框可在超过临界值时查看警告消息。如果未启用 TCP 跟踪，则只显示警报
TCP 速度	指定 TCP 速度警报的临界值
TCP 加速度	指定 TCP 加速度警报的临界值
肘节奇异点	指定在发出警报之前关节五与零点旋转的接近程度
接点限制	指定在发出警报之前每个关节与其限值的接近程度

为了便于观察以后记录的 TCP 轨迹，此处先将工作站中的路径和目标点隐藏，在"仿真"选项卡中单击"播放"按钮。若要清除记录的轨迹，可在"仿真监控"对话框中清除。

工业机器人仿真技术入门与实训

任务实施

本节任务实施见表 5-20 和表 5-21 所示。

表 5-20　离线编程任务书

姓　　名		任务名称	离线编程
指导教师		同组人员	
计划用时		实施地点	
时　　间		备　　注	
任　务　内　容			

1. 掌握创建工件的方法。
2. 掌握创建工件坐标的步骤。
3. 掌握建模功能。
4. 了解选择自动路径的方法。
5. 熟悉工具姿态的调整。
6. 掌握路径调试方法。

	描述如何创建工件	
	描述如何创建工件坐标	
	运用建模功能创建一个正方体	
考核项目	描述如何选择自动路径	
	描述如何对工具姿态进行调整	
	描述如何对路径进行调试	
	操作如何使用碰撞检测与 TCP 轨迹跟踪辅助工具	

资　　料	工　　具	设　　备
教材		计算机

表 5-21　离线编程任务完成报告

姓　　名		任务名称	离线编程
班　　级		同组人员	
完成日期		实施地点	

操作题

　　参照手动编程的任务完成报告，通过离线编程的方法，创建一个焊接机器人工作站，安装焊枪，创建一个长度为 500mm、宽度为 200mm、高度为 200 的长方形盒子，并在"盒子"左上角创建一个工件坐标，机器人焊枪绕着正方体盒子的上方边缘一周之后，再回到待机位置，并使用碰撞监控及 TCP 轨迹跟踪功能，如图 5-49 所示。

图 5-49　焊接机器人离线编程

任务评价

本章任务评价见表 5-22。

表 5-22 任务评价表

任务名称	RAPID 编程与调试				
姓　名		学　号			
任务时间					
组　号		指导教师			
小组成员					
检查内容					

评价项目	评价内容		配分	评价结果	
				自评	教师
资讯	1．明确任务学习目标		5		
	2．查阅相关学习资料		10		
计划	1．分配工作小组		3		
	2．小组讨论考虑安全、环保、成本等因素，制订学习计划		7		
	3．教师是否已对计划进行指导		5		
实施	准备工作	1．了解 RAPID 程序的结构	3		
		2．了解 RAPID 语言的数据类型及声明方法	3		
		3．了解 RAPID 语言中表达式的编写方法	4		
		4．了解 RAPID 语言中流程指令的使用方法	4		
		5．了解 RAPID 语言中运动指令的使用方法	4		
		6．了解 RAPID 语言中输入输出指令的使用方法	4		
		7．掌握手动编程	4		
		8．掌握离线编程	4		
	技能训练	1．能了解 RAPID 数据类型及声明方法	6		
		2．能使用 RAPID 语言编写基本的表达式	6		
		3．能掌握 RAPID 语言中流程指令的使用方法	6		
		4．能掌握 RAPID 语言中运动指令和输入输出的使用方法	6		
		5．能掌握手动编程和离线编程的方法	6		
安全操作与环保	1.工装整洁		2		
	2.遵守劳动纪律，注意培养一丝不苟的敬业精神		3		
	3.严格遵守本专业操作规程，符合安全文明生产要求		5		
总结	你在本次任务中有什么收获？				
	反思本次学习的不足，请说说下次如何改进。				
综合评价（教师填写）					

思考与练习

在完成第 4 章思考与练习的基础上，在示教器或者在 RobotStudio 软件的 RAPID 中编写简单的搬运程序，示教抓取点 P10 和放置点 P20，并用仿真运行程序，如图 5-50 所示。

```
PROC main()
  MoveL Offs(p10,0,0,100), v1000, fine, tool0;
  MoveL p10, v1000, fine, tool0;
  Set DO1;
  WaitTime 1;
  MoveL Offs(p10,0,0,100), v1000, fine, tool0;
  MoveL Offs(p20,0,0,100), v1000, fine, tool0;
  MoveL p20, v1000, fine, tool0;
  Reset DO1;
  WaitTime 1;
  MoveL Offs(p20,0,0,50), v1000, fine, tool0;
ENDPROC
ENDMODULE
```

图 5-50　搬运程序

第6章

Smart 组件

Smart 组件是 RobotStudio 对象（以 3D 图像或不以 3D 图像表示），该组件动作可以由代码或其他 Smart 组件控制执行，为 3D 几何体赋予仿真效果。

本章介绍 Smart 组件术语、创建 Smart 组件、Smart 组件调用及运用 Smart 组件搬运物体。

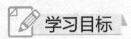 学习目标

知识目标

（1）了解 Smart 组件术语；

（2）掌握创建 Smart 组件的方法；

（3）掌握 Smart 组件的调用方法；

（4）掌握运用 Smart 组件搬运物体的方法。

技能目标

（1）能简述 Smart 组件术语；

（2）能创建 Smart 组件；

（3）能调用 Smart 组件；

（4）能运用 Smart 组件搬运物体。

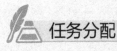 任务分配

6.1　Smart 组件术语

6.2　Smart 的基础组件

6.3　Smart 组件的创建

6.4　Smart 组件的调用

6.5　创建搬运机器人工作站

6.6　创建动态输送链

6.1　Smart 组件术语

本节介绍 Smart 组件术语。

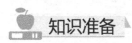知识准备

Smart 组件术语见表 6-1。

表 6-1　Smart 组件术语

术　语	定　义
Codebehind（代码后置）	在 Smart 组件中的.NET，通过对某个事件的反应可以执行自定义的动作，如仿真时间变化引起的某些属性值的变化
[Dynamic]property（[动态]属性）	Smart 组件上的对象包含值、特定的类型和属性。属性值被 codebehind 用来控制 Smart 组件的动作行为
[Property]binding（[属性]捆绑）	将一个属性值连接至另一个属性值
[Property]attributes（[属性]特征）	关键值包括关于动态属性的附加信息，如值的约束等
[I/O]signal（[I/O]信号）	Smart 组件上的对象，包含值和方向（输入/输出）类似于机器人控制器上的 I/O 信号。信号值被 codebehind 用来控制 Smart 组件的动作行为
[I/O]connection（[I/O]连接）	连接一个信号的值到另外不同信号的值
Aggregation（集合）	使用 and/or 连接多个 Smart 组件以完成更复杂的动作
Asset	在 Smart 组件中的数据对象。使用局部的和集合的背后代码

I/O Signals 属性见表 6-2。

表 6-2　I/O Signals

命　令	描　述
添加 I/O Signals	打开"Add I/O Signals"（添加 I/O 信号）对话框
展开子对象信号	打开"ExposeChildSignal"（展开子对象信号）对话框
编辑	打开"编辑信号"对话框
删除	删除所选信号

使用"添加 I/O Signals"对话框编辑 I/O 信号，或添加一个或多个 I/O 信号到所选组件，见表 6-3。

表 6-3　"添加 I/O Signals"对话框可用控件

控　件	描　述
信号类型	指定信号的类型和方向。 有以下信号类型：Digital、Analog、Group
信号名称	指定信号名称。 名称中需包含字母和数字并以字母开头（a～z 或 A～Z）。 如果创建多个信号，则会为名称添加由开始索引和步幅指定的数字后缀

控　件	描　述
信号值	指定信号的原始值
自动复位	指定该信号拥有瞬变行为。 这仅适用于数字信号，表明信号值自动被重置为 0
信号数量	指定要创建的信号的数量
开始索引	当创建多个信号时，指定第一个信号的后缀
步骤	当创建多个信号时，指定后缀的间隔
最小值	指定模拟信号的最小值，这仅适用于模拟信号
最大值	指定模拟信号的最大值，这仅适用于模拟信号
隐藏	选择属性在 GUI 的属性编辑器和 I/O 仿真器等窗口中是否可见
只读	选择属性在 GUI 的属性编辑器和 I/O 仿真器等窗口中是否可编辑

注意：在编辑现有信号时，只能修改信号值和描述，而其他所有控件都将被锁定。

如果输入值有效，则"确定"按钮可用，允许创建或更新信号。如果输入值无效，将显示错误图标。

使用"展开子对象信号"对话框，可以添加与子对象中的信号有关联的新 I/O 信号，见表 6-4。

表 6-4　"展开子对象信号"对话框可用控件

控　件	描　述
信号名称	指定要创建信号的名称，默认情况下与所选子关系信号名称相同
子对象	指定要展开信号所属的子对象
子信号	指定子信号

I/O Connections 信息可用控件见表 6-5。

表 6-5　I/O Connections 信息可用控件

控　件	描　述
添加 I/O Connection	打开"添加 I/O Connection"对话框
编辑	打开"编辑"对话框
管理 I/O Connections	打开"管理 I/O Connections"对话框
删除	删除所选连接
上移/下移	向上或向下移动列表中选中的连接

使用"添加 I/O Connection"（连接）对话框，可以创建 I/O 连接或编辑已存在的连接，见表 6-6。

表 6-6　"添加 I/O Connections"对话框可用控件

控　件	描　述
源对象	指定源信号的所有对象
源信号	指定链接的源。该源必须是子组件的输出或当前组件的输入
目标对象	指定目标信号的所有者
目标信号	指定连接的目标。目标一定要和源类型一致，是子组件的输入或当前组件的输出
允许循环连接	允许目标信号在同一情景内设置两次

"管理 I/O Connections"对话框以图形化的形式显示部件的 I/O 连接。可以添加、删除和编辑连接，仅显示数字信号。

"管理 I/O Connections"对话框可用控件见表 6-7。

表 6-7　"管理 I/O Connections"对话框可用控件

控　件	描　述
源/目标信号	列出在连接中所需的信号，源信号在左侧，目标信号在右侧。每个信号以所有对象和信号名标识
连接	以箭头的形式显示从源信号到目标信号的连接
逻辑门	指定逻辑运算符和延迟时间，执行在输入信号上的数字逻辑
添加	添加源：在左侧添加源信号。 添加目标：在右侧添加目标信号。 添加逻辑门：在中间添加逻辑门
删除	删除所选的信号，连接或 LogicGate

管理 I/O 连接使用以下步骤添加、移除和创建新的 I/O 连接。

（1）单击"添加"按钮并选择"添加源"（或添加目标、添加逻辑门）分别添加源信号、目标信号或逻辑门。

（2）将鼠标移向"源信号"直至出现交叉光标。

（3）单击拖动逻辑门，创建新的 I/O 连接。

（4）选择信号、连接或逻辑门，然后单击"删除"按钮，删除所选对象，如图 6-1 所示。

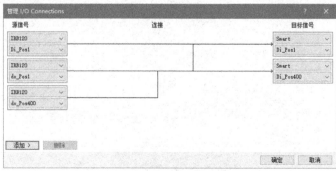

图 6-1　管理 I/O 连接

🎨 **任务实施**

本节任务实施见表 6-8 和表 6-9。

表 6-8　Smart 组件术语任务书

姓　　名		任务名称	Smart 组件术语
指导教师		同组人员	
计划用时		实施地点	
时　　间		备　　注	

任　务　内　容

1. 了解 Smart 组件术语。
2. 掌握 I/O Signals。
3. 了解 I/O Connections 信息可用控件。
4. 掌握管理 I/O 连接方法。

考核项目	描述 Smart 组件术语及其作用
	添加 I/O Signals
	管理 I/O Connections

资　　料	工　　具	设　　备
教材		计算机

表 6-9　Smart 组件术语任务完成报告

姓　名		任务名称	Smart 组件术语
班　级		同组人员	
完成日期		实施地点	

简答题

（1）Smart 组件术语有哪些？各有什么作用？

（2）I/O Signals 属性、对话框可用控件有哪些？各有什么作用？

（3）I/O Connections 信息可用控件有哪些？如何管理 I/O Connections？

6.2 Smart 的基础组件

基础组件表示一整套的基本构成块组件，可被用来组成完成更复杂动作的用户定义 Smart 组件。本节主要介绍常用的 Smart 基础组件。

 知识准备

在 Smart 组件的"添加组件"选项中，有"信号和属性""参数建模""传感器""动作""本体"及"其他"子组件可供选择，下面列出了常用的子组件及其详细的功能说明。

1. "信号和属性"子组件

1) LogicGate

LogicGate 的属性及信号说明见表 6-10。

Output 信号由 InputA 和 InputB 这两个信号的 Operator 中指定的逻辑运算设置，延迟时间在 Delay 中指定。

表 6-10 LogicGate 的属性及信号说明

属　　性	描　　述
Operator	使用的逻辑运算的运算符。以下列出了各种运算符：AND、OR、XOR、NOT、NOP
Delay	输出信号延迟的时间
Signals	描述
InputA	第一个输入信号
InputB	第二个输入信号
Output	逻辑运算的结果

2) LogicExpression

LogicExpression 的属性及信号说明见表 6-11。

LogicExpression 为评估逻辑表达式。

表 6-11 LogicExpression 的属性及信号说明

属　　性	描　　述
String	要评估的表达式
Operator	各种运算符：AND、OR、NOT、XOR
Signals	描述
结果	包含评估结果

3）LogicSRLatch

LogicSRLatch 的信号说明见表 6-12。

LogicSRLatch 用于置位/复位信号，并带锁定功能，有一种稳定状态。

（1）当 Set=1 时，Output=0andInvOutput=1。

（2）当 Reset=1 时，Output=0andInvOutput=1。

表 6-12　LogicSRLatch 信号说明

Signals	描　　述
Set	设置输出信号
Reset	复位输出信号
Output	指定输出信号
InvOutput	指定反转输出信号

4）Converter

Converter 可实现属性值和信号值之间的转换，其属性及信号说明见表 6-13。

表 6-13　Converter 的属性及信号说明

属　　性	描　　述
AnalogProperty	转换为 AnalogOutput
DigitalProperty	转换为 DigitalOutput
GroupProperty	转换为 GroupOutput
BooleanProperty	由 DigitalInput 转换为 DigitalOutput
Signals	描　　述
DigitalInput	转换为 DigitalProperty
DigitalOutput	由 DigitalProperty 转换
AnalogInput	转换为 AnalogProperty
AnalogOutput	由 AnalogProperty 转换
GroupInput	转换为 GroupProperty
GroupOutput	由 GroupProperty 转换

5）VectorConverter

VectorConverter 的属性说明见表 6-14。

在 Vector 和 X、Y、Z 值之间转换。

6）Expression

Expression 属性说明见表 6-15。

199

表 6-14 VectorConverter 的属性说明

属　　性	描　　述
X	指定 Vector 的 X 值
Y	指定 Vector 的 Y 值
Z	指定 Vector 的 Z 值
Vector	指定向量值

　　表达式包括数字字符（包括 PI）、圆括号、数学运算符（+、−、*、/、^（幂））和数学函数（sin、cos、sqrt、atan、abs）。任何其他字符串被视作变量作为添加的附加信息。结果将显示在 Result 框中。

表 6-15 Expression 的属性说明

信　　号	描　　述
Expression	指定要计算的表达式
Result	显示计算结果
NNN	指定自动生成的变量

7）Counter

Counter 的属性说明见表 6-16。

　　设置输入信号 Increase 时，Count 增加，设置输入信号 Decrease 时，Count 减少。设置输入信号 Reset 时，Count 被重置。

表 6-16 Counter 的属性说明

属　　性	描　　述
Count	指定当前值
Signals	描述
Increase	当该信号设为 True 时，将在 Count 中加 1
Decrease	当该信号设为 True 时，将在 Count 中减 1
Reset	当 Reset 设为 high 时，将 Count 复位为 0

8）Timer

Timer 的属性及信号说明见表 6-17。

　　Timer 以指定间隔脉冲 Output 信号。如果未选中 Repeat，在 Interval 中指定的间隔后将触发一个脉冲，若选中，在 Interval 指定的间隔后重复触发脉冲。

2．"参数与建模"子组件

1）ParametricBox

ParametricBox 的属性及信号说明见表 6-18。

表 6-17　Timer 的属性说明

属　　性	描　　述
StartTime	指定触发第一个脉冲前的时间
Interval	指定每个脉冲间的仿真时间
Repeat	指定信号是重复还是近执行一次
Currenttime	指定当前仿真时间
Signals	描　　述
Active	将该信号设为 True，启用 Timer；设为 False，停用 Time
Output	在指定时间间隔发出脉冲

ParametricBox 生成一个指定长度、宽度和高度尺寸的方框。

表 6-18　ParametricBox 的属性说明

属　　性	描　　述
SizeX	沿 X 轴方向指定该盒形固体的长度
SizeY	沿 Y 轴方向指定该盒形固体的宽度
SizeZ	沿 Z 轴方向指定该盒形固体的高度
GeneratedPart	指定生成的部件
KeepGeometry	设置为 False 时将删除生成部件中的几何信息。这样可以使其他组件如 Source 执行更快
Signals	描　　述
Update	设置该信号为 1 时更新生成的部件

2）ParametricCircle

ParametricCircle 的属性及信号说明见表 6-19。

ParametricCircle 根据给定的半径生成一个圆。

表 6-19　ParametricCircle 的属性说明

属　　性	描　　述
Radius	指定圆周的半径
GeneratedPart	指定生成的部件
GeneratedWire	指定生成的线框
KeepGeometry	设置为 False 时将删除生成部件中的几何信息。这样可以使其他组件如 Source 执行得更快
Signals	描　　述
Update	设置该信号为 1 时更新生成的部件

3．"传感器"子组件

1）LineSensor

LineSensor 的属性及信号说明见表 6-20。

LineSensor 根据 Start、End 和 Radius 定义一条线段。当 Active 信号为 High 时，传感

器将检测与该线段相交的对象。相交的对象显示在 ClosestPart 属性中，距线传感器起点最近的相交点显示在 ClosestPoint 属性中。出现相交时，会设置 SensorOut 输出信号。

表 6-20 LineSensor 的属性及信号说明

属　性	描　　述
Start	指定起始点
End	指定结束点
Radius	指定半径
SensedPart	指定与 Linesensor 相交的部件。如果有多个部件相交，则列出据起始点最近的部件
SensedPoint	指定相交对象上的点，距离起始点最近
Signals	描　　述
Active	指定 LineSensor 是否激活
SensorOut	当 Sensor 与某一对象相交时为 True

2）PlaneSensor

LineSensor 的属性及信号说明见表 6-21。

PlaneSensor 通过 Origin、Axis1 和 Axis2 定义平面。设置 Active 输入信号时，传感器会检测与平面相交的对象。相交的对象将显示在 SensedPart 属性中。出现相交时，将设置 SensorOut 输出信号。

表 6-21 PlaneSensor 的属性及信号说明

属　性	描　　述
Origin	指定平面的原点
Axis1	指定平面的第一个轴
Axis2	指定平面的第二个轴
SensedPart	指定与 PlaneSensor 相交的部件。如果多个部件相交，则在布局浏览器中第一个显示的部件将被选中
Signals	描　　述
Active	指定 PlaneSensor 是否被激活
SensorOut	当 Sensor 与某一对象相交时为 True

3）PositionSensor

PositionSensor 的属性说明见表 6-22。

PositionSensor 监视对象的位置和方向。对象的位置和方向仅在仿真期间被更新。

表 6-22 PositionSensor 的属性说明

属　性	描　　述
Object	指定要进行映射的对象
Reference	指定参考坐标系（Parent 或 Global）
ReferenceObject	如果将 Reference 设置为 Object，指定参考对象
Position	指定对象相对于参考坐标和对象的位置
Orientation	指定对象相对于参考坐标和对象的方向（Euler ZYX）

4."动作"子组件

1）Attacher

Attacher 的属性及信号说明表 6-23。

设置 Execute 信号时，Attacher 将 Child 安装到 Parent 上。如果 Parent 为机械装置，还必须指定要安装的 Flange。设置 Execute 输入信号时，子对象将安装到父对象上。如果选中 Mount，还会使用指定的 Offset 和 Orientation 将子对象装配到父对象上。完成时，将设置 Executed 输出信号。

表 6-23　Attacher 的属性及信号说明

属　　性	描　　述
Parent	指定子对象要安装在哪个对象上
Flange	指定要安装在机械装置的哪个法兰上（编号）
Child	指定要安装的对象
Mount	如果为 True，子对象装配在父对象上
Offset	当使用 Mount 时，指定相对于父对象的位置
Orientation	当使用 Mount 时，指定相对于父对象的方向
Signals	描　　述
Execute	设为 True 进行安装
Executed	当完成时发出脉冲

2）Detacher

Detacher 的属性及信号说明见表 6-24。

设置 Execute 信号时，Detacher 会将 Child 从其所安装的父对象上拆除。如果选中了 Keepposition，位置将保持不变。否则，相对于其父对象放置子对象的位置。完成时，将设置 Executed 信号。

表 6-24　Detacher 的属性及信号说明

属　　性	描　　述
Child	指定要拆除的对象
KeepPosition	如果为 False，被安装的对象将返回其原始的位置
Signals	描　　述
Execute	设该信号为 True 移除安装的物体
Executed	当完成时发出脉冲

3）Sink

Sink 属性及信号说明见表 6-25。

Sink 会删除 Object 属性参考的对象。收到 Execute 输入信号时开始删除。删除完成时设置 Executed 输出信号。

表 6-25　Sink 的属性及信号说明

属　　性	描　　述
对象	指定要移除的对象
Signals	描　　述
Execute	设该信号为 True 移除对象
Executed	当完成时发出脉冲

4）Source

Source 的属性及信号说明见表 6-26。

源组件的 Source 属性表示在收到 Execute 输入信号时应复制的对象。所复制对象的父对象由 Parent 属性定义，而 Copy 属性则指定对所复制对象的参考。输出信号 Executed 表示复制已完成。

表 6-26　Source 的属性及信号说明

属　　性	描　　述
Source	指定要复制的对象
Copy	指定复制
Parent	指定要复制的父对象。如果未指定，则将复制与源对象相同的父对象
Position	指定复制相对于其父对象的位置
Orientation	指定复制相对于其父对象的方向
Transient	如果在仿真时创建了复制，将其标识为瞬时的。这样的复制不会被添加至撤销队
Signals	描　　述
Execute	设该信号为 True 创建对象的复制
Executed	当完成时发出脉冲

5）Show

Show 的属性及信号说明见表 6-27。

设置 Execute 信号时，将显示 Object 中参考的对象。完成时，将设置 Executed 信号。

表 6-27　Show 的属性及信号说明

属　　性	描　　述
Object	指定要显示的对象
Signals	描　　述
Execute	设该信号为 True，以显示对象
Executed	当完成时发出脉冲

6）Hide

Hide 的属性及信号说明见表 6-28。

设置 Execute 信号时，将隐藏 Object 中参考的对象。完成时，将设置 Executed 信号。

表 6-28 Hide 的属性及信号说明

属　　性	描　　述
Object	指定要隐藏的对象
Signals	描　　述
Execute	设置该信号为 True 隐藏对象
Executed	当完成时发出脉冲

5. "本体"子组件

1）LinearMover

LinearMover 的属性及信号说明见表 6-29。

LinearMover 会按 Speed 属性指定的速度，沿 Direction 属性中指定的方向，移动 Object 属性中参考的对象。设置 Execute 信号时开始移动，重设 Execute 时停止。

表 6-29 LinearMover 的属性及信号说明

属　　性	描　　述
Object	指定要移动的对象
Direction	指定要移动对象的方向
Speed	指定移动速度
Reference	指定参考坐标系。可以是 Global、Local 或 Object
ReferenceObject	如果将 Reference 设置为 Object，指定参考对象
Signals	描　　述
Execute	将该信号设为 True 开始移动对象，设为 False 时停止

2）Rotator

Rotator 的属性及信号说明见表 6-30。

Rotator 会按 Speed 属性指定的旋转速度旋转 Object 属性中参考的对象。旋转轴通过 CenterPoint 和 Axis 进行定义。设置 Execute 输入信号时开始运动，重设 Execute 时停止运动。

表 6-30 Rotator 的属性及信号说明

属　　性	描　　述
Object	指定要旋转的对象
CenterPoint	指定旋转围绕的点
Axis	指定旋转轴
Speed	指定旋转速度
Reference	指定参考坐标系，可以是 Global、Local 或 Object
ReferenceObject	如果将 Reference 设置为 Object，指定相对于 CenterPoint 和 Axis 的对象
Signals	描　　述
Execute	将该信号设为 True 时开始旋转对象，设为 False 时停止

3）Positioner

Positioner 的属性及信号说明见表 6-31。

Positioner 具有对象、位置和方向属性。设置 Execute 信号时，开始将对象向相对于 Reference 的给定位置移动。完成时设置 Executed 输出信号。

表 6-31　Positioner 的属性及信号说明

属　　性	描　　述
Object	指定要放置的对象
Position	指定对象要放置到的新位置
Orientation	指定对象的新方向
Reference	指定参考坐标系，可以是 Global、Local 或 Object
ReferenceObject	如果将 Reference 设置为 Object.，指定相对于 Position 和 Orientation 的对象

4）PoseMover

PoseMover 的属性及信号说明见表 6-32。

PoseMover 包含 Mechanism、Pose 和 Duration 等属性。设置 Execute 输入信号时，机械装置的关节值移向给定姿态。达到给定姿态时，设置 Executed 输出信号。

表 6-32　PoseMover 的属性及信号说明

属　　性	描　　述
Mechanism	指定要进行移动的机械装置
Pose	指定要移动到的姿势的编号
Duration	指定机械装置移动到指定姿态的时间
Signals	描　　述
Execute	设为 True，开始或重新开始移动机械装置
Pause	暂停动作
Cancel	取消动作
Executed	当机械装置达到位姿时为 Pulseshigh
Executing	在运动过程中为 High
Paused	当暂停时为 High

5）JointMover

JointMover 的属性及信号说明见表 6-33。

JointMover 包含机械装置、一组关节值和执行时间等属性。当设置 Execute 信号时，机械装置的关节向给定的位姿移动。当达到位姿时，将设置 Executed 输出信号。使用 GetCurrent 信号可以重新找回机械装置当前的关节值。

表 6-33　JointMove 的属性及信号说明

属　　性	描　　述
Mechanism	指定要进行移动的机械装置
Relative	指定 J1-Jx 是否是起始位置的相对值，而非绝对关节值
Duration	指定机械装置移动到指定姿态的时间
J1-Jx	关节值
Signals	描　　述
GetCurrent	重新找回当前关节值
Execute	设为 True，开始或重新开始移动机械装置
Pause	暂停动作
Cancel	取消运动
Executed	当机械装置达到位姿时为 Pulseshigh
Executing	在运动过程中为 High
Paused	当暂停时为 High

6. "其他"子组件

1）Queue

Queue 表示 FIFO（FirstIn，FirstOut）队列。当信号 Enqueue 被设置时，在 Back 中的对象将被添加到队列。队列前端对象将显示在 Front 中。当设置 Dequeue 信号时，Front 对象将从队列中移除。如果队列中有多个对象，下一个对象将显示在前端。当设置 Clear 信号时，队列中所有对象将被删除。

如果 Transformer 组件以 Queue 组件作为对象，该组件将转换 Queue 组件中的内容而非 Queue 组件本身。Queue 的属性及信号说明见表 6-34。

表 6-34　Queue 的属性及信号说明

属　　性	描　　述
Back	指定 Enqueue 的对象
Front	指定队列的第一个对象
Queue	包含队列元素的唯一 ID 编号
NumberOfObjects	指定队列中的对象数目
Signals	描　　述
Enqueue	将在 Back 中的对象添加值队列末尾
Dequeue	将队列前端的对象移除
Clear	将队列中所有对象移除
Delete	将在队列前端的对象移除并将该对象从工作站移除
DeleteAll	清空队列并将所有对象从工作站中移除

2）Random

Random 的属性及信号说明见表 6-35。

当 Execute 被触发时，生成处于最大值和最小值之间的任意值。

表 6-35　Random 的属性及信号说明

属　　性	描　　述
Min	指定最小值
Max	指定最大值
Value	在最大和最小值之间任意指定一个值
Signals	描　　述
Execute	设该信号为 High 时生成新的任意值
Executed	当操作完成时设为 High

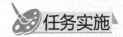任务实施

本节任务实施见表 6-36 和表 6-37。

表 6-36　Smart 组件的基础组件

姓　　名		任务名称	Smart 组件的基础组件
指导教师		同组人员	
计划用时		实施地点	
时　　间		备　　注	
任　务　内　容			

理解与掌握 Smart 组件的基础组件的功能。

考核项目	Smart 组件的基础组件的功能		
资　　料		工　　具	设　　备
教材			计算机

工业机器人仿真技术入门与实训

表 6-37　Smart 组件的基础组件

姓　名		任务名称	Smart 组件的基础组件
班　级		同组人员	
完成日期		实施地点	

简答题
常用的 Smart 组件的基础组件有哪些？各有什么作用？

6.3　Smart 组件的创建

使用智能组件编辑器，在图形用户界面创建、编辑和组合 Smart 组件，本节通过实例来学习创建 Smart 组件。

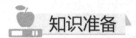 知识准备

（1）在机器人工作站中导入或创建机械装置（参考前面的章节），如图 6-2 所示。

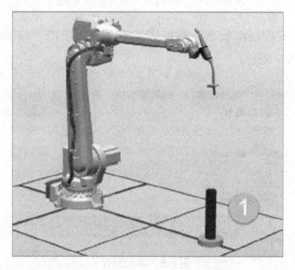

图 6-2　导入（或新建）机械装置

（2）右键单击"机械装置"，在弹出的快捷菜单中选择"断开与库的连接"命令。

（3）创建 SMART 组件，选择"建模"选项卡中的"Samrt 组件"，右键单击生成的 Samrt 组件，重命名（Smart）。Smart 组件编辑如图 6-3 所示。

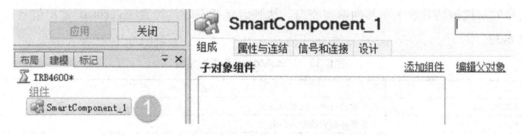

图 6-3　Smart 组件编辑

211

（4）在"布局"浏览器中，把机械装置拖进 Samrt 中，并右键单击"机械装置"，在弹出的快捷菜单中勾选"设定为 Role"（角色），如图 6-4 所示。

图 6-4　设置机械单元为 Role（角色）

（5）根据机械装置的运动姿态，添加适当的组件，单击"添加组件"→"本体"→"PoseMover"，如图 6-5 所示。

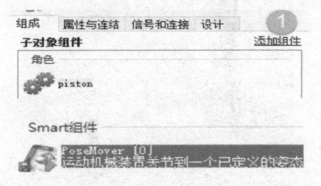

图 6-5　添加组件

（6）定义机械装置运动姿态。右键单击"PoseMover[0]"，在弹出的快捷菜单中选择"属性"命令（或直接在"属性"对话框中选择机械组件），并设定属性（机械装置、运动姿态、持续时间等）参数值，如图 6-6 所示。

PoseMover 包含 Mechanism、Pose 和 Duration 等属性，见表 6-38。设置 Execute 输入信号时，机械装置的关节移向给定姿态。达到给定姿态时，设置 Executed 输出信号，见表 6-39。

表 6-38　PoseMover 属性对话框

属　　　性	描　　　述
Mechanism	指定要进行移动的机械装置
Pose	指定要移动到的姿态的编号
Duration	指定机械装置移动到指定姿态的时间

表 6-39　信号

信　　号	描　　述
Execute	设为 True，开始或重新开始移动机械装置
Pause	暂停动作
Cancel	取消动作
Executed	当机械装置达到位姿时为 Pulseshigh
Executing	在运动过程中为 High
Paused	当暂停时为 High

图 6-6　设定属性值

（7）重复第（5）和第（6）步，定义余下的姿态组件，如图 6-7 所示。

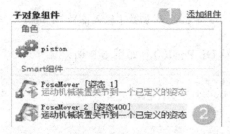

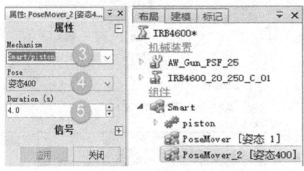

图 6-7　机械装置的两个姿态组件

213

（8）添加信号。根据姿态确定信号数量。在 Samrt 组件编辑器中选取"信号和连接"页面，单击"添加 I/O Signals"链接，添加数字输入信号 Di_Pos1，如图 6-8 所示。

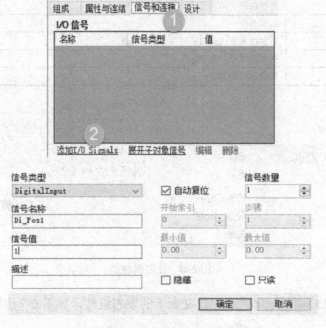

图 6-8　添加数字输入信号 Di_Pos1

（9）添加数字输入信号 Di_Pos400，如图 6-9 所示。

图 6-9　添加数字输入信号 Di_Pos400

（10）信号关联，如图 6-10 所示。单击"添加 I/O Connection"链接，"源对象"选择"Smart"，触发事件的"源信号"为"Di_Pos1"，"目标对象"为机械装置的目标姿"PoseMover1[资态 1]"，目标动作类型为 Execute（执行）。

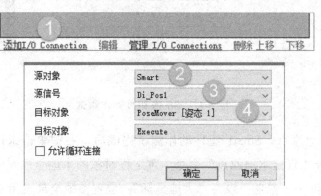

图 6-10　信号（Di_Pos1）关联

（11）重复第（10）步，关联信号 Di_Pos400，如图 6-11 所示。

图 6-11　信号（Di_Pos400）关联

（12）Smart 组件动作测试。在"属性：Samrt"（如看不见本对话框，在"建模"浏览器中右键单击 Smart，在弹出的快捷菜单中选择"属性"命令，设定属性与信号）对话框中单击"Di_Pos1"或"|Di_Pos400"按钮，机械装置分别对应于两种不同的姿态，如图 6-12 所示。

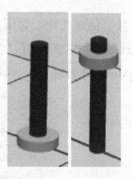

图 6-12　Smart 组件动作测试

（13）设定本地原点。Smart 组件动作测试完成后，右键单击组件"Smart"，在弹出的快捷菜单中选择"设定本地原点"命令，重定位对象的本地坐标系统，在"设定本地原点：Smart"对话框中"参考"设为"大地坐标"，位置参数全部设为 0，如图 6-13 所示。

图 6-13　设定本地原点

（14）右键单击组件"Smart"，在弹出的快捷菜单中选择"受保护"命令，隐藏内部结构，防止被修改。

（15）右键单击组件"Smart"，在弹出的快捷菜单中选择"保存为库文件"命令，以备后用。

🎨 **任务实施**

本节任务实施见表 6-40 和表 6-41。

表 6-40　创建 Smart 组件任务书

姓　　名		任务名称	创建 Smart 组件
指导教师		同组人员	
计划用时		实施地点	
时　　间		备　　注	
任务内容			

1. 掌握创建 Smart 组件。
2. 掌握组件添加及其属性设置。
3. 掌握信号添加。
4. 掌握信号关联。
5. 掌握 Smart 组件动作测试

考核项目	创建 Smart 组件
	组件添加以及其属性设置
	信号添加
	信号关联
	Smart 组件动作测试

资　　料	工　　具	设　　备
教材		计算机

工业机器人仿真技术入门与实训

表 6-41 创建 Smart 组件任务完成报告

姓　名		任务名称	创建 Smart 组件
班　级		同组人员	
完成日期		实施地点	

操作题

在完成第 5 章思考与练习的基础上，把工具 MyNewTool 从机器人法兰盘中拆除（不更新位置），创建一个名称为 "SM" 的 Smart 组件，将工具 MyNewTool 拖动至 Smart 组件中（右键设为 Role），添加其他子组件（见图 6-14），添加一个数字输入信号 di1（如图 6-15 所示），添加 I/O 连接（如图 6-16 所示）。

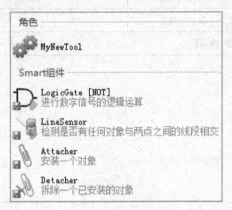

图 6-14　添加子组件

图 6-15　添加一个数字输入信号 di1

I/O连接			
源对象	源信号	目标对象	目标对象
SM	di1	LineSensor	Active
LineSensor	SensorOut	Attacher	Execute
SM	di1	LogicGate [NOT]	InputA
LogicGate [NOT]	Output	Detacher	Execute

图 6-16　添加 I/O 连接

6.4　Smart 组件的调用

本节介绍 Smart 组件的调用。

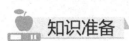 知识准备

（1）在新机器人工作站中单击"基本"选项卡中的"导入模型库"按钮，选择"用户库"选项，选择 6.3 节保存的 Smart 文件，如图 6-17 所示。

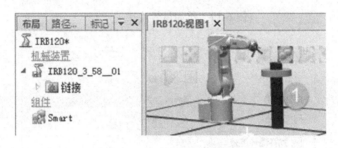

图 6-17　导入 Smart 文件

（2）右键单击智能组件 Smart，在弹出的快捷菜单中选择"断开与库的连接"命令。

（3）创建控制组件 Smart 两种姿态的输出（虚拟）信号。选择"控制器"菜单配置组中的配置编辑器，选择"I/O System"选项，双击"Signal"，新建 do_Pos1、do_Pos400 两个虚拟数字输出信号，如图 6-18 所示。

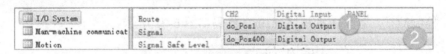

图 6-18　虚拟数字输出信号

（4）工作站逻辑设定。在"仿真"菜单配置组中选择"工作站逻辑"，选择"信号和连接"页面，单击"添加 I/O Connection"链接，在"添加 I/O Connection"对话框中，将"源对象"设定为机器人系统 IRB120，"源信号"设定为"do_Pos1"，"目标对象"设定为"Smart"，另一个"目标对象"设定为"Di_Pos1"，如图 6-19 所示。

（5）再次单击"添加 I/O Connection"链接，在"添加 I/O Connection"对话框中将"源对象"设为机器人系统 IRB120，"源信号"设定为"do_Pos400"，"目标对象"为"Smart"，另一个"目标对象"为"Di_Pos400"，如图 6-20 所示。

工业机器人仿真技术入门与实训

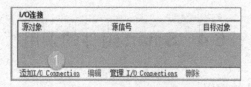

图 6-19　添加信号连接（一）

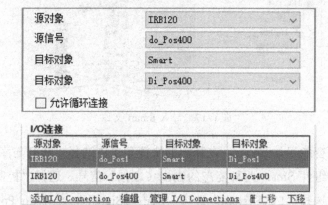

图 6-20　添加信号连接（二）

（6）控制测试。新建例行程序 main，代码如图 6-21 所示。

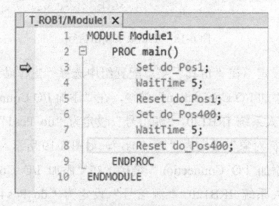

```
MODULE Module1
    PROC main()
        Set do_Pos1;
        WaitTime 5;
        Reset do_Pos1;
        Set do_Pos400;
        WaitTime 5;
        Reset do_Pos400;
    ENDPROC
ENDMODULE
```

图 6-21　测试代码

任务实施

本节任务实施见表 6-42 和表 6-43。

表 6-42　Smart 组件调用任务书

姓　　名		任务名称	Smart 组件调用
指导教师		同组人员	
计划用时		实施地点	
时　　间		备　　注	
任　务　内　容			

1. 导入 Smart 组件。
2. 编辑 Smart 组件。
3. 工作站逻辑设定。
4. 添加 I/O Connection 与控制测试。

考核项目	导入 Smart 组件
	编辑 Smart 组件
	工作站逻辑设定
	添加 I/O Connection 与控制测试

资　　料	工　　具	设　　备
教材		计算机

表 6-43 Smart 组件调用任务完成报告

姓　名		任务名称	Smart 组件调用
班　级		同组人员	
完成日期		实施地点	

操作题

　　导入 IRB120_3_58__01 机器人，从布局创建机器人系统，包含功能选项（中文 chinese、709-1DeviceNet Master/Slave），在机器人系统中添加一个数字输出信号 do1（地址为 1），如图 6-22 所示，调用 6.3 节创建的 Smart 组件 SM，并在工作站逻辑中添加 I/O Connection，如图 6-23 所示。

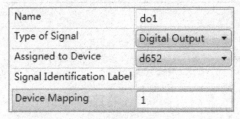

图 6-22　添加数字输出信号 do1

图 6-23　添加 I/O Connection

6.5 创建搬运机器人工作站

本节介绍运用 Smart 组件搬运物体，其中包括创建用户自定义工具和创建简单的搬运机器人工作站。

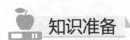 知识准备

6.5.1 创建用户自定义工具

在构建工业机器人系统时，常使用自定义工具。让用户工具像 ABB RobotStudio 模型库中的工具一样，能自动安装到机器人六/四轴法兰盘末端，且坐标方向一致。

3D 模型创建要具备机器人工具属性，需要以下几个步骤。

1. 创建与机器人 tool0 重合的 3D 模型本地坐标系

在"建模"菜单中，选中"导入几何体"和"浏览几何体…"选项，导入 3D 模工具模型文件，右键单击"导入几何体"，重命名为 fixture，调整视图，如图 6-24 所示。

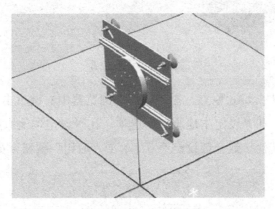

图 6-24 3D 工具模型

2. 修改 3D 模型 fixture 位置

（1）右键单击"布局"浏览器中的 3D 模型 fixture，选择"位置"→"设定位置"选项，在"设定位置"对话框中参考坐标设定为本地，在 X 方向框中输入−90，单击"应用"按钮，如图 6-25 所示。

图 6-25　3D 模型 fixtureX 方向旋转-90°

（2）选中"选择表面"和"捕捉中心"工具选项，右键单击"布局"浏览器中的 3D 模型 fixture，再选中"位置""放置"和"一个点"选项，选择 3D 模型 fixture 底平面中心点，在"放置对象"对话框中将"主点—到"参数全部设置为 0，将 fixture 底平面中心点设定在大地坐标原点，如图 6-26 所示。

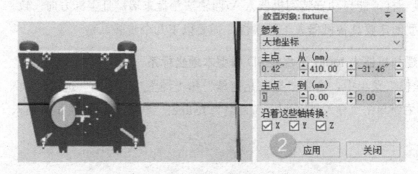

图 6-26　设定位置

（3）设定 3D 模型 fixture 原点。在"布局"浏览器中右键单击 3D 模型，在弹出的快捷菜单中选中"修改"和"设定本地原点"选项。在"设定本地原点"对话框中将参考坐标设定为大地坐标，其他参数全部设定为 0，单击"应用"按钮，如图 6-27 所示。

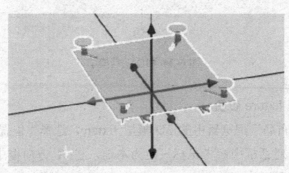

图 6-27　设定本地原点

3．在 3D 模型 fixture 末端创建工具坐标系框架

工具顶端新建一平面（命名为辅助实体）

（1）启用"捕捉末端""点到点功能"，测得长为 400mm、宽为 300mm，如图 6-28 所示。

（2）在"建模"菜单中，选中"固体"和"矩形体"选项，新建矩形体（长为 400mm，宽为 300mm，高为 5mm；角点为–200mm、–150mm、0°），如图 6-29 所示。

（3）在"仿真"菜单中，选中"创建碰撞监控"选项，分别将工具与辅助实体放入不同的组中，沿 Z 方向移动辅助实体，直到刚好不碰撞工具为止，如图 6-30 所示。

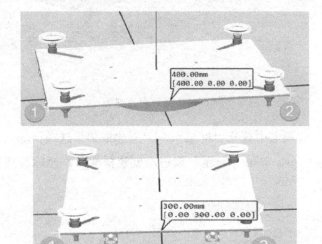

图 6-28　测量 3D 模型 fixture

图 6-29　辅助实体

（4）启用"捕捉末端"功能，右键单击"布局"浏览器中的辅助实体，在弹出的快捷菜单中"位置"→"设定位置"命令，捕捉辅助实体表面上一个角点，记录（复制）"设定位置"对话框中位置栏的 Z 值（如图 6-30 中的 82.91）。

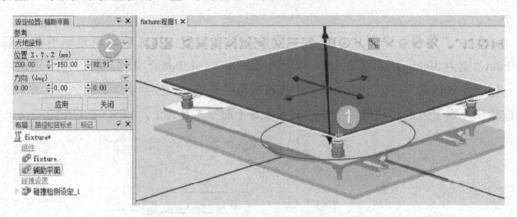

图 6-30　最短距离捕捉

（5）在"建模"选项卡中选择"框架"→"创建框架"选项，输入（粘贴）到"创建框架"对话框 Z 值栏中，单击"创建"按钮，创建框架_1，删除碰撞检测设定、辅助实体，如图 6-31 所示。

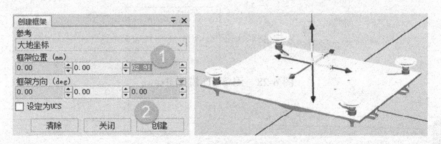

图 6-31　创建框架

4．创建工具

（1）创建（或导入）搬运对象，测量对象高度，获得 Z 值，计算工具重心位置。本处假定搬运对象（体积为 600mm×400mm×200mm）高度为 200.00mm，则工具重心 Z 方向的值为 100+82.91=182.91（约为 185）。

（2）在"建模"选项卡中选择"创建工具"。将"Tool 名称"设定为"tCarry"，"选择部件"设定为"使用已有的部件"（tCarry），"质量"设定为"5"，"重心"设定为

（0，0，185），"框架"设定为"框架_1"，"位置"由框架_1 自动决定，单击"添加"按钮。完成后，在"布局"浏览器中出现工具图标，如图 6-32 所示。

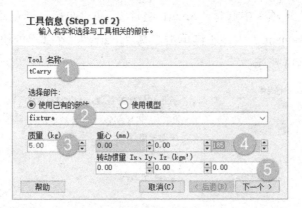

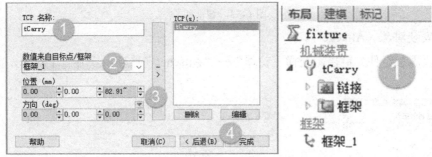

图 6-32　创建工具

（3）在"布局"浏览器中右键单击新生成的工具"tCarry"，在弹出的快捷菜单中选择"保存为库文件"命令。

6.5.2　创建简单的搬运机器人系统

（1）创建搬运机器人工作站。在"文件"选项卡中选择"新建"→"空工作站"选项。

（2）在"基本"选项卡中选择"ABB 模型库"→"机器人"→"IRB 260"选项。

（3）在"基本"选项卡中选择"导入模型库"→"浏览库文件"选项，选择上一节中保存的工具库文件 tCarry.rslib，右键单击该工具，在弹出的快捷菜单中选择"断开与库的连接"命令，暂不安装到机器人上。

（4）创建搬运实体对象。在"建模"选项卡中选择"固体"→"矩形体"（如：600*400*200），重命名为 Box，设定 Box 角点坐标（−300，−200，0）。

（5）创建搬运机器人系统。在"基本"选项卡中选择"机器人系统"→"从布局…"选项，包含功能选项（中文 Chinese、709-1DeviceNetMaster/Slave），命名为 IRB 260。

（6）在"建模"选项卡中选择"Smart 组件"，在"布局"浏览器中将工具 tCarry 拖入新建的 SmartComponent_1 中，右键单击工具"tCarry"，在弹出的快捷菜单选择"设定为 Role"命令，如图 6-33 所示。

图 6-33　智能组件

（7）安装对象（Attacher）。

单击"添加组件"链接，选择"动作"→"Attacher"选项，安装一个对象，如图 6-34 所示。

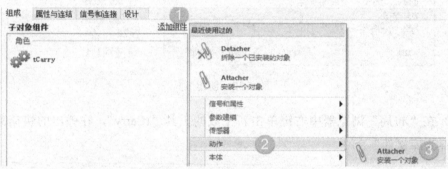

图 6-34　安装对象

右键单击"Attacher"，在弹出的快捷菜单中选择"属性"命令，在"属性"对话框中，将 Parent 设定为搬运工具 tCarry，"Child"设定为被搬运对象"Box"，勾选"Mount"（挂载）复选框，单击"应用"按钮，如图 6-35 所示。

设置 Execute 信号时，Attacher 将 Child 安装到 Parent 上。如果 Parent 为机械装置，还必须指定要安装的 Flange。设置 Execute 输入信号时，子对象将安装到父对象上。如果选中"Mount"复选框，还会使用指定的 Offset 和 Orientation 将子对象装配到父对象上。完成时，将设置 Executed 输出信号，见表 6-44 和表 6-45。

表 6-44　Attacher 操作对话框可用控件

属　　性	描　　述
Parent	指定被安装子对象的对象
Flange	指定被安装机械装置的法兰（编号）
Child	指定要安装的对象
Mount	选择时，子对象装配在父对象上
Offset	当使用 Mount 时，指定相对于父对象的位置
Orientation	当使用 Mount 时，指定相对于父对象的方向

表 6-45　信号

信　　号	描　　述
Execute	将该信号设为 True 开始旋转对象，设为 False 时停止
Executed	当操作完成时设为 1

图 6-35　挂载对象

（8）拆除已安装对象（Detacher）。单击"添加组件"链接，选择"动作"→"Detacher"选项，拆除已安装对象，如图 6-36 所示。

设置 Execute 信号时，Detacher 会将 Child 从其所安装的父对象上拆除。如果选中了 Keepposition，位置将保持不变。否则，相对于其父对象放置子对象的位置。完成时，将设置 Executed 信号，见表 6-46 和表 6-47。

表 6-46　Detacher 操作对话框可用控件

属　　性	描　　述
Child	指定要拆除的对象
KeepPosition	如果为 False，被安装的对象将返回其原始的位置

表 6-47 信号

信号	描 述
Execute	设该信号为 True 移除安装的物体
Executed	当完成时发出脉冲

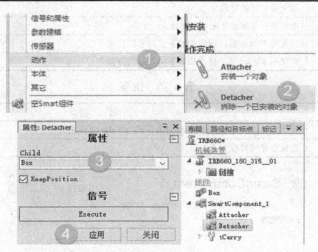

图 6-36 拆卸对象

（9）添加 I/O Signals。添加两个数字输入信号：diAttacher、diDetacher，如图 6-37
所示。

图 6-37 添加信号

（10）添加 I/O Connection，信号与事件关联，diAttacher 与 Attacher 关联，diDetacher 与 Detacher 关联，如图 6-38 所示。

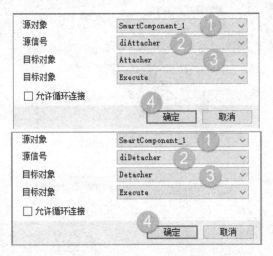

图 6-38　信号与事件关联

SmartComponent_1 的信号和连接，如图 6-39 所示。

图 6-39　信号和连接

（11）拖动 SmartComponent_1 到机器人上，安装此组件，并添加其他设备，调整好位置，如图 6-40 所示。

（12）搬运测试。

挂载搬运对象。右键单击"布局"浏览器中的机器人，在弹出的快捷菜单中选择"机械装置手动关节"命令，移动机器人至搬动对象附近。双击"SmartComponent_1"，单击"diAttacher"按钮，挂载被搬运对象，如图 6-41 所示。

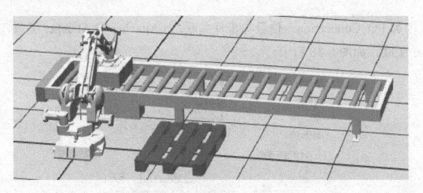

图 6-40　机器人系统

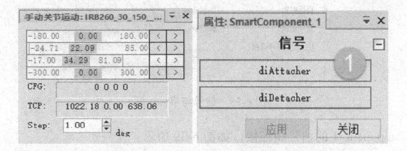

图 6-41　挂载搬运对象

释放搬运对象。选择"机械装置手动关节"，移动机器人至托盘上方，单击"diDetacher"按钮，释放搬运对象，如图 6-42 所示。

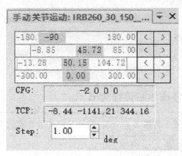

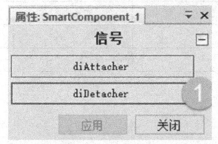

图 6-42　释放搬运对象

📋 **任务实施**

本节任务实施见表 6-48 和表 6-49。

表 6-48　运用 Smart 组件搬运物体任务书

姓　名		任务名称	运用 Smart 组件搬运物体
指导教师		同组人员	
计划用时		实施地点	
时　间		备　注	
任 务 内 容			

1. 创建用户自定义工具。
2. 创建简单的搬运机器人系统。

考核项目	创建用户自定义工具		
	创建简单的搬运机器人系统		
资　料	工　具		设　备
教材			计算机

表 6-49 搬运物体任务完成报告

姓　　名		任务名称	搬运物体
班　　级		同组人员	
完成日期		实施地点	

操作题

在 6.3 节任务报告的基础上，编辑 Smart 组件，添加属性连接（见图 6-43），使机器人将工件盒子从一个位置搬运到另一个位置，测试运行程序，完成简单搬运，如图 6-44 所示。

属性连结

源对象	源属性	目标对象	目标属性
LineSensor	SensedPart	Attacher	Child
Attacher	Child	Detacher	Child

图 6-43 添加属性连接

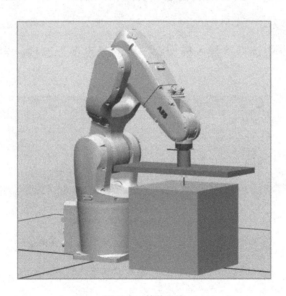

图 6-44 简单搬运

6.6 创建动态输送链

流水线又称为装配线，是工业上一种的生产方式，指每一个生产单位只专注处理某一个片段的工作，以提高工作效率及产量，在 RobotStudio 中创建码垛工作站，输送链的动态效果对整个工作站起关键作用。

本节介绍运用 Smart 组件来创建动态输送链。

 知识准备

Smart 组件输送链动态效果：输送前端自动生成产品，产品随着输送链向前运动，达到输送链末端后停止运动，被移走后输送链前段再次生成产品，依次循环。

1. 导入输送链

在"基本"选项卡中选择"导入模型库"中的"设备"选项，导入输送链，如图 6-45 所示。

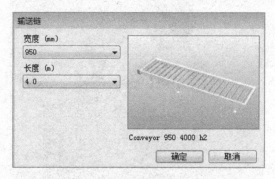

图 6-45　导入输送链

2. 建模

在"建模"选项卡中选择"固体"中的"矩形体"选项（见图 6-46），按照图 6-47，设置部件_1 的位置和尺寸，修改部件_1 的颜色为绿色。

3. 创建 Smart 组件

在"建模"选项卡中选择"Smart 组件"，创建 Smart 组件 SmartComponent_1，在 Smart 组件中添加如图 6-48 所示的组件。

图 6-46　创建矩形体　　　图 6-47　设置部件_1 的位置和尺寸　　　图 6-48　添加组件

4. 设定输送链的产品源

设置 Source 组件属性，如图 6-49 所示。组件 Source 用于设定产品源，每触发一次 Source，都会自动生成一个产品源的复制品。

5. 设定输送链的运动属性

组件 Queue 可将同类型物体进行队列处理，组件 Sink 会删除 Objeck 属性参考的对象，此处无须设置这两个组件的属性。

设置 LinearMover 组件属性，如图 6-50 所示。

图 6-49　设置 source 组件属性　　　图 6-50　设置 LinearMover 组件属性

工业机器人仿真技术入门与实训

6. 设定输送链限位传感器

设置传感器 PlaneSensor 组件属性，如图 6-51 所示。

Origin 作为面的原点，Axis1 和 Axis2 是基于原点的两个延伸轴的方向即长度（参考大地坐标方向）。

在输送链末端的挡板处设置面传感器，此传感器用来检测产品是否到位，若产品到位，则会自动输出信号，用于逻辑控制。

虚拟传感器一次只能检测一个物体，若要保证所创建的传感器不与周边设备接触，需将可能与该传感器接触的周边设备的属性设为"不由传感器检测"，将输送链设置为不可由传感器检测，右键单击"950_4000_h2"，在弹出的快捷菜单中选择"修改"命令，取消勾选"可由传感器检测"选项。

在 Smart 组件中，信号只有发生 0 到 1 变化时，才能触发事件，所以，需增加一个非门触发 Source 再次执行，LogicGate 属性如图 6-52 所示。

图 6-51 设置 PlaneSensor 组件属性

图 6-52 设置 LogicGate 属性

7. 创建属性与连接

在 Smart 组件的"属性与连接"选项卡中单击"添加连接"按钮，添加图 6-53 所示的连接。

属性连接			
源对象	源属性	目标对象	目标属性
Source	Copy	Queue	Back
Queue	Back	Sink	Object

图 6-53 添加连接

8. 创建信号和连接

I/O 信号是指在本工作站中创建的数字信号，用于与各个 Smart 子组件进行信号交互。

I/O 连接是指创建的 I/O 信号与 Smart 子组件信号进行连接，以及各 Smart 子组件之间信号进行连接

在"信号和连接"中单击"添加 I/O Signals"，添加一个 DiStart 数字输入信号，用于启动输送链。

在"信号和连接"中单击"添加 I/O Connection"，添加如图 6-54 所示的信号连接。

源对象	源信号	目标对象	目标对象
SmartComponent_1	DiStart	Source	Execute
Source	Executed	Queue	Enqueue
PlaneSensor	SensorOut	Queue	Dequeue
PlaneSensor	SensorOut	Sink	Execute
PlaneSensor	SensorOut	LogicGate [NOT]	InputA
LogicGate [NOT]	Output	Source	Execute
SmartComponent_1	DiStart	LinearMover	Execute

图 6-54　信号与连接

9. 仿真运行

1）仿真运行步骤

（1）在"仿真"选项卡中单击"I/O 仿真器"。

（2）选择"SmartComponent_1"。

（3）单击"播放"按钮进行播放。

（4）单击"DiStart"按钮（只可单击一次，否则会出错）。

2）整个仿真运行的过程

整个仿真运行的过程如图 6-55 所示。

（1）DiStart 信号触发一次 Source，使其生成一个复制品，LineMover 子组件执行。

（2）复制品生成后自动加入设定好的队列 Queue 中，复制品随着 Queue 一起沿输送链运动。

（3）当复制品运动到输送链末端，与设置的传感器 PlaneSensor 接触后，该复制品退出队列 Queue，并触发 Sink 把复制品删除。

239

（4）通过非门的中间连接，当复制品不与面传感器接触后，自动触发 Source 产生一个复制品。

为了有更好的仿真效果，右键单击"部件_1"，取消勾选"可见"复选框。

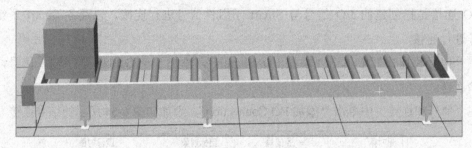

图 6-55　仿真运行

任务实施

本节任务实施见表 6-50 和表 6-51。

表 6-50　运用 Smart 组件创建动态输送链任务书

姓　　名		任务名称	运用 Smart 组件创建动态输送链
指导教师		同组人员	
计划用时		实施地点	
时　　间		备　　注	
任 务 内 容			

1. 导入输送链。
2. 建模。
3. 创建 Smart 组件。
4. 设定输送链的产品源。
5. 设定输送链的运动属性。
6. 设定输送链限位传感器。
7. 创建属性与连接。
8. 创建信号和连接。
9. 仿真运行。

考核项目	导入输送链		
	运用 Smart 组件创建动态输送链		
资　　料	工　　具		设　　备
教材			计算机

表 6-51　创建动态输送链任务完成报告

姓　　名		任务名称	创建动态输送链
班　　级		同组人员	
完成日期		实施地点	

操作题

　　在完成本节任务报告的基础上，创建码垛的仿真工作站，使机器人完成 6 个盒子的码垛，如图 6-56 所示。

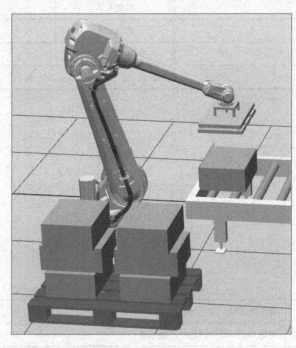

图 6-56　码垛的仿真工作站

任务评价

本章任务评价见表 6-52。

表 6-52　任务评价表

任务名称	Smart 组件				
姓　　名			学　　号		
任务时间			实施地点		
组　　号			指导教师		
小组成员					
检查内容					

评价项目	评价内容		配分	评价结果	
				自评	教师
资讯	1．明确任务学习目标		5		
	2．查阅相关学习资料		10		
计划	1．分配工作小组		3		
	3．小组讨论考虑安全、环保、成本等因素，制订学习计划		7		
	4．教师是否已对计划进行指导		5		
实施	准备工作	1．了解 Smart 组件术语	7		
		2．掌握创建 Smart 组件	7		
		3．掌握 Smart 组件调用	8		
		4．掌握运用 Smart 组件搬运物体	8		
	技能训练	1．能了解 Smart 组件术语	6		
		2．能掌握创建 Smart 组件	6		
		3．能掌握 Smart 组件调用	6		
		4．能熟练 Smart 组件术语、会灵活创建和调用 Smart 组件	6		
		5．能掌握运用 Smart 组件搬运物体	10		
安全操作与环保	1．工装整洁		2		
	2．遵守劳动纪律，注意培养一丝不苟的敬业精神		3		
	3．严格遵守本专业操作规程，符合安全文明生产要求		5		
总结	你在本次任务中有什么收获？				
	反思本次学习的不足，请说说下次如何改进。				
综合评价（教师填写）					

第7章

应 用 实 例

本章主要通过 5 个应用案例来巩固前面学习的内容，具体包括轨迹模拟、螺旋桨旋转、搬运、药瓶装配及视觉贴合。

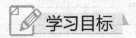 学习目标

知识目标

（1）掌握轨迹模拟案例的具体操作步骤；

（2）掌握螺旋桨旋转案例的具体操作步骤；

（3）掌握搬运案例的具体操作步骤；

（4）掌握药瓶装配案例的具体操作步骤；

（5）掌握视觉贴合案例的具体操作步骤。

技能目标

（1）能完成轨迹模拟案例应用；

（2）能完成螺旋桨旋转案例应用；

（3）能完成搬运案例应用；

（4）能掌握药瓶装配案例应用；

（5）能掌握视觉贴合案例应用。

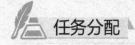 任务分配

7.1　轨迹模拟

7.2　螺旋桨旋转

7.3　搬运

7.4　装配

7.5　视觉贴合

7.1 轨 迹 模 拟

利用图形化编程即根据 3D 模型的曲线转化成机器人的运动轨迹，可以达到省时、省力且容易保证轨迹精度的目的。

本节主要介绍如何使用 RobotStudio 自动路径功能自动生成机器人工具运动轨迹，包括自动路径功能的使用、工作站程序同步等。

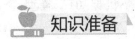 知识准备

7.1.1 创建工作站

1. 导入机器人

导入机器人 IRB1200_7_70_STD_01，如图 7-1 所示。

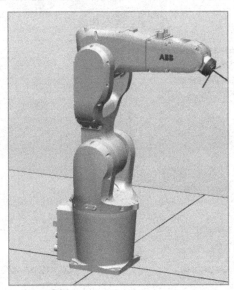

图 7-1 导入机器人

2. 导入 SolidWorks 模型

打开 RobotStudio 软件，建立一个空工作站，导入如图 7-2 所示的 SolidWorks 模型。注意，在 SolidWorks 软件中建立的模型要保存为"SAT"格式。

焊接模拟板和台　　机器人底座.sat　　吸嘴安装组合.sat　　下机架01.sat
架.sat

图 7-2　SolidWorks 模型

在"建模"或"基本"选项卡中选择"导入几何体"，导入"下机架 01"模型，如图 7-3～图 7-5 所示，再采用相同的方法依次导入其他模型。

图 7-3　导入几何体

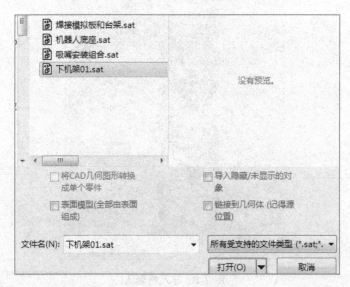

图 7-4　选择导入的模型

3．安装工具

1）创建本地原点

由于导入的"吸嘴安装组合"模型自身的坐标原点在机器人法兰盘接触端面的中心点

上，如图 7-6 所示，所以，该坐标方向与大地坐标方向一致，也符合机器人的安装要求，则无须重新设定本地原点。

图 7-5　模型导入完成

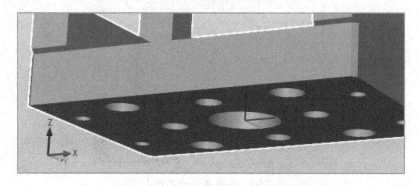

图 7-6　"吸嘴安装组合"模型本地原点

2）创建工具坐标

（1）在"基本"选项卡中选择"框架"→"创建框架"选项，如图 7-7 所示。

图 7-7　创建框架

工业机器人仿真技术入门与实训

（2）选择"选择表面""捕捉圆心"工具，捕捉吸嘴中心点为工具坐标原点，操作顺序如图 7-8 和图 7-9 所示。

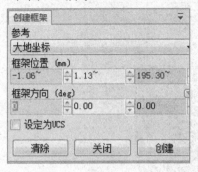

图 7-8 "创建框架"对话框

图 7-9 捕捉框架原点

（3）新生成的框架垂直于工具末端，如图 7-10 所示。

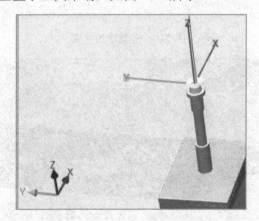

图 7-10 框架垂直于工具末端

（4）在"建模"选项卡中选择"创建工具"，如图 7-11 所示。

图 7-11 选择"创建工具"

（5）输入自定义的工具名称（tool1），选择部件类型（使用已有的部件），选择部件（吸嘴安装组合），设定工具参数，单击"下一步"按钮，如图 7-12 所示。

（6）输入 TCP 名称（Tool1），选择框架（框架_1），单击"右移"按钮，单击"完成"，如图 7-13 所示。

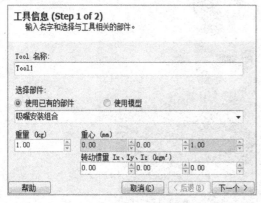

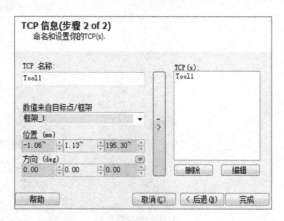

图 7-12 创建工具   图 7-13 创建工具

（7）在"布局"浏览器中右键单击"工具"（Tool1）选项，在弹出的快捷菜单中选择"保存为库文件"命令，将工具保存为库文件，如图 7-14 所示。

（8）将工具（Tool1）安装到机器人法兰盘上，如图 7-15 所示。

图 7-14 选择"保存为库文件"命令   图 7-15 安装工具

4. 调整已经导入模型的位置和角度

在"建模"选项卡中选择"移动"和"旋转"动作模式，调整导入模型的位置和角度，如图 7-16 所示。

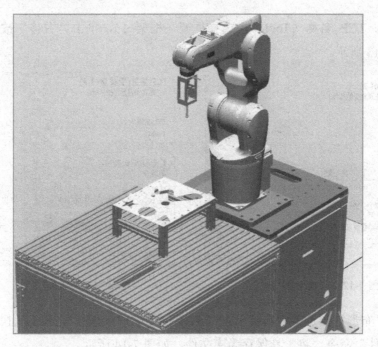

图 7-16　调整模型位置和角度

5. 用"从布局"方法创建机器人系统

用"从布局"方法创建机器人系统，选项设置如图 7-17 所示。

图 7-17　创建机器人系统

7.1.2　创建机器人轨迹曲线

本案例机器人需要沿着工件边缘进行运动，可根据现有的工件模型直接生成机器人运动轨迹曲线，如图 7-18 所示。

在"建模"选项卡中单击"表面边界",选择"表面"捕捉工具,单击"选择表面"输入框,选择工件上表面,在"选择表面"对话框中单击"创建"按钮,部件_1 即为生成轨迹的曲线,如图 7-18～图 7-20 所示。

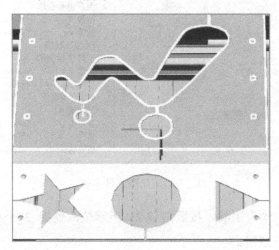

图 7-18　捕捉工件上表面

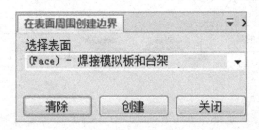

图 7-19　"选择表面"对话框

图 7-20　生成轨迹曲线"部件 1"

7.1.3　生成机器人运动轨迹

在轨迹运用中常需要创建工件坐标系以方便进行编程及路径修改,此时需要创建工件坐标系,如图 7-21 所示。

1. 新建工件坐标系

(1)在"基本"选项卡中选择"其他"→"创建工件坐标"选项,如图 7-21 所示。

(2)在"创建工件坐标"对话框中修改工件坐标名称为"WorkGuiJi"。在"工件坐标框架"中单击"取点创建框架",单击下三角按钮,在弹出的页面中选择"三点"单选按钮,如图 7-22 所示。

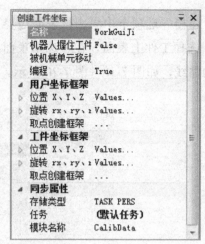

图 7-21　创建工件坐标

（3）选择"捕捉末端"工具，按照图 7-23 所示依次捕捉 3 个点位，单击"Accept"按钮，再单击"创建"按钮。

图 7-22　选择"三点"单选按钮

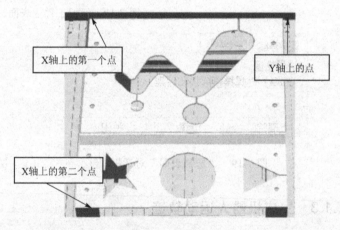

图 7-23　创建工件坐标

（4）在"基本"选项卡的"设置"组中选择"WorkGuiJi"工件坐标，如图 7-24 所示。

图 7-24　设置组

（5）在软件右下角的运动指令设定栏中更改参数设定，该参数会影响自动路径功能产生的运动指令，如运动速度、拐弯半径，如图 7-25 所示。

MoveL · * v1000 · z100 · Tool1 · \WObj:=WorkGuiJi ·

图 7-25　运动指令设定栏

2．生成路径

（1）在"基本"选项卡中选择"路径"→"动路径"选项，如图 7-26 所示。

图 7-26　创建自动路径

（2）单击"参考面"输入框，选择"捕捉表面"工具，单击工件表面，如图 7-27 所示。

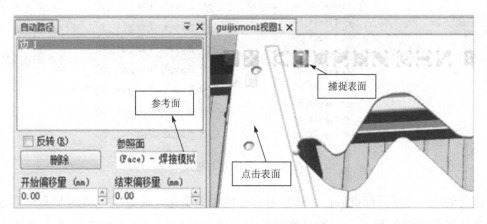

图 7-27　选择参考面

（3）选择"捕捉曲线"工具，单击"轨迹"，自动生成路径，如图 7-28 所示，再单击"创建"按钮。

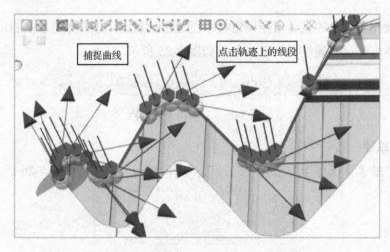

图 7-28　生成路径

（4）在"布局"浏览器的"工件坐标&目标点"中就有自动路径生成的目标点，在"路径与步骤"中会生成路径 Path_10，如图 7-29 所示。

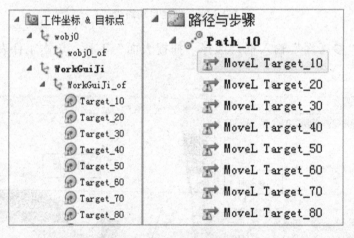

图 7-29　目标点与路径

在自动路径生成目标点后，需确定目标点的工具姿态，这是因为机器人不一定能够到达自动路径生成的目标点。右键单击目标点，在弹出的快捷菜单中选择"查看机器人目标"命令，即可显示当前点的机器人姿态。

若需要改变目标点的机器人的姿态，在"基本"选项卡的路径编程组中选择示教目标点，示教的目标点为 pHome（作为修改姿态参考点）。

选择要修改姿态的目标点后单击右键，在弹出的快捷菜单中选择"修改目标"→"对准目标点方向"命令，如图 7-30 所示。

（5）在"对准目标点"对话框中单击参考点的输入框，选择参考点为 pHome，如图 7-31 所示。

图 7-30　修改目标点　　　　　　　　图 7-31　选择参考点

（6）若目标点上有一个黄色感叹号标志，用鼠标指向目标点，即可显示"配置参数未认证"提示，如图 7-32 所示，因为机器人到达一个点有很多种姿态。

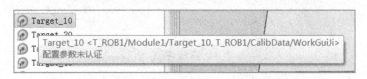

图 7-32　"配置参数未认证"提示

确定了工具的姿态，接下来要确定关节的姿态。右键单击目标点，在弹出的快捷菜单中选择"参数配置"命令，在弹出的"配置参数"窗口中选择合适的配置，单击"应用"按钮。在选择配置时，右边机器人会出现姿态的变换，如图 7-33 所示。

（7）配置完成后，目标点位不再报错，如图 7-34 所示。

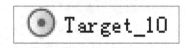

图 7-33　"配置参数"窗口　　　　　　图 7-34　目标点

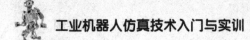

若需对整个路径用到的所有目标点进行参数配置，可右键单击要配置的路径path_10，在弹出的快捷菜单中选择"配置参数"→"自动配置"命令，如图 7-35 所示。路径上所有的目标点将会自动配置，机器人将自动跑完整个路径，显示每个目标点的姿态。

图 7-35　自动配置

完成以上步骤之后，可修改指令的拐弯半径，使整个路径更加完善。接下来对路径进行测试。

3. 路径测试

（1）在示教器的程序编辑器中新建程序"NewProgramName"，在"基本"选项卡中选择"同步"→"同步到 RAPID"选项，如图 7-36 所示。

图 7-36　"同步到 RAPID"选项

（2）勾选全部复选框，单击"确定"按钮，如图 7-37 所示。

（3）在"RAPID"程序模块中将出现模块"Module1"，其中存在函数 Path_10（自动路径生成的函数），如图 7-38 所示。

图 7-37　勾选全部复选框

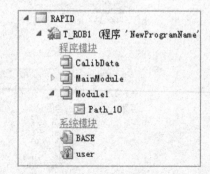

图 7-38　模块"Module1"

（4）在 MainModule 模块中的 main 中调用函数 Path_10，并进行仿真运行。为了循环运行程序，编写以下无限循环程序：

```
MODULE MainMoudel
CONST robtarget pHome:=[[352.064465513,1.137694023,512.106035407],
      [0.000000157,0,1,0],[-1,0,-1,0],[9E9,9E9,9E9,9E9,9E9,9E9]];
PROC main()
WHILE True DO
Path_10;
ENDWHILE
ENDPROC
ENDMODULE
```

（5）在仿真运行中可看到测试中缺少一些进入、退出及回原点的目标点，因此，需要添加一些点位，使运动轨迹更加合理。

（6）复制 Target_10，选择 WorkGuiJi_of，进行粘贴，如图 7-39 所示，即可出现目标点 Target_10_2，将其重命名为 pJin，作为轨迹的进入点，如图 7-40 所示。

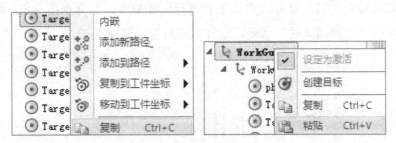

图 7-39　复制和粘贴目标点

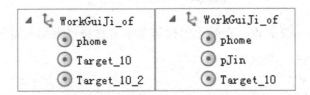

图 7-40　重命名轨迹的进入点为 pJin

（7）右键单击"pJin"，在弹出的快捷菜单中选择"修改目标"→"偏移位置"命令，因从轨迹的上方进入，所以在"偏移位置"对话框的第三个（z 轴方向）输入框中输入 −50，单击"应用"按钮（注意只单击一次，因为每单击一次都会偏移−50），如图 7-41 所示。

图 7-41　偏移位置

（8）同样，复制最后一个目标点，并重命名为 pChu，为轨迹的退出点。也在 z 方向上偏移-50，如图 7-42 所示。

图 7-42　退出点

（9）注意偏移完之后，目标点需要重新进行参数配置。右键单击 pJin 点，在弹出的快捷菜单中选择"添加到路径"命令，选择对应路径，如图 7-43 所示。

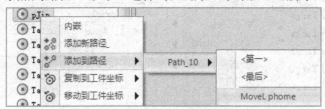

图 7-43　添加进入点路径

（10）右键单击 pChu 点，在弹出的快捷菜单中选择"添加到路径"命令，选择对应路径，如图 7-44 所示。

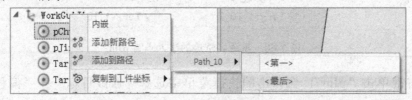

图 7-44　添加退出点路径

（11）由于退出后要回到原点（安全点），因此，把 Home 点添加到路径的最后，如图 7-45 所示。

图 7-45 添加原点路径

（12）为保证轨迹合理，需要对运动指令进行修改，右键单击"运动指令"，在弹出的快捷菜单中选择编辑指令，如图 7-46 所示，修改后单击"应用"按钮，如图 7-47 所示。完成进入、退出点和原点的添加之后，再次同步程序和仿真测试。

图 7-46 编辑指令

图 7-47 编辑指令

任务实施

本节任务实施见表 7-1 和表 7-2。

表 7-1 轨迹模拟任务书

姓　　名		任务名称	轨迹模拟
指导教师		同组人员	
计划用时		实施地点	
时　　间		备　　注	
任　务　内　容			

1. 创建工作站。
2. 创建机器人轨迹曲线。
3. 生成机器人运动轨迹。

考核项目	创建工作站
	创建机器人轨迹曲线
	生成机器人运动轨迹
	仿真运行生成的运动轨迹

资　　料	工　　具	设　　备
教材		计算机

表 7-2 轨迹模拟任务完成报告

姓　　名		任务名称	轨迹模拟
班　　级		同组人员	
完成日期		实施地点	

操作题

完成图 7-48 中 3 个图形的轨迹模拟。

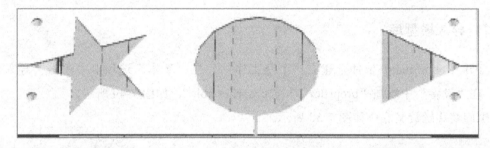

图 7-48 简单搬运

7.2 螺旋桨旋转

本节通过介绍螺旋桨旋转的例子来学习 Smart 组件和工作站逻辑。

 知识准备

7.2.1 导入模型库

打开 RobotStudio 软件，建立一个空工作站。在"基本"选项卡中单击"导入模型库"，在"设备"中添加"proprller"和"proprllertable"，如图 7-49 所示。

螺旋桨和螺旋桨底座如图 7-50 所示。

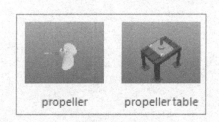

图 7-49 导入模型库

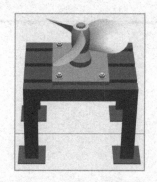

图 7-50 螺旋桨和螺旋桨底座

7.2.2 添加组件

让螺旋桨旋转有两种方法：Smart 组件、工作站逻辑。

1. Smart 组件

（1）在"建模"选项卡中选择"Smart 组件"，创建一个 Smart 组件。

（2）在 Smart 组件的"SmartComPonenta_1"属性中单击"添加组件""本体""Rotator"，如图 7-51 所示。

图 7-51 添加 Rotator 组件

（3）右键单击"Rotator"，在弹出的快捷菜单中选择"属性"命令，如图 7-52 所示。

（4）在弹出的对话框中，设置"Object"为"propeller"，如图 7-53 所示。

（5）返回视图 1，选择"捕捉中心"工具，单击"CenterPoint"输入框，单击螺旋桨轴的中心点，设置"Speed"为 800，单击"应用"按钮，如图 7-54 所示。

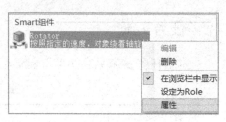

图 7-52 属性

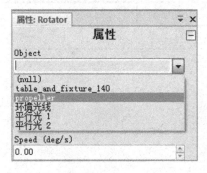

图 7-53 设置"Object"为"propeller"

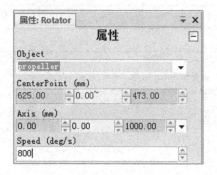

图 7-54 设置"Rotator"属性

（6）单击"仿真"选项卡中的"播放"按钮，在"Rotator"属性对话框的"信号"中设置"Execute"为 1，螺旋桨即可转动。

2．工作站逻辑

（1）在"仿真"选项卡中单击"工作站逻辑"按钮，如图 7-55 所示。

（2）在"组成"中选择"添加组件"，单击"本体""Rotator"，如图 7-56 所示。

图 7-55 工作站逻辑

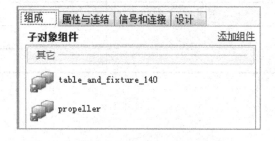

图 7-56 添加组件

（3）"Rotator"的属性与 Smart 组件设置方法完全一样。

工业机器人仿真技术入门与实训

任务实施

本节任务实施见表 7-3 和表 7-4。

表 7-3　螺旋桨旋转任务书

姓　　名		任务名称	螺旋桨旋转
指导教师		同组人员	
计划用时		实施地点	
时　　间		备　　注	
任 务 内 容			

1. 导入模型库。
2. 添加并编辑 Smart 组件。
3. Rotator 的运用。

考核项目	导入模型库		
	添加并编辑 Smart 组件		
	Rotator 的运用		
资　料		工　具	设　备
教材			计算机

264

表 7-4　螺旋桨旋转任务完成报告

姓　名		任务名称	螺旋桨旋转
班　级		同组人员	
完成日期		实施地点	

操作题

在完成本节运用工作站逻辑案例的基础上，导入机器人 1200_7_70_STD_01 并创建机器人系统，通过添加一个数字输出信号 DO1 控制螺旋桨旋转（见图 7-57），使螺旋桨旋转顺时针旋转 3s，等待 1s，再顺时针旋转 5s。

编写程序如下：

```
MODULE MainModule
    PROC main()
        Set DO1;
        WaitTime 3;
        Reset DO1;
        WaitTime 1;
        Set DO1;
        WaitTime 5;
        Reset DO1;
    ENDPROC
ENDMODULE
```

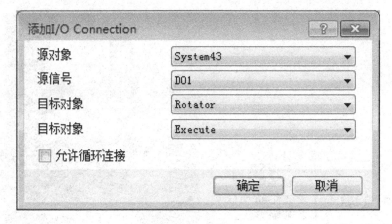

图 7-57　工作站逻辑设定

7.3 搬　　运

本节通过介绍物块搬运和皮带搬运两个例子，学习如何使用 Smart 组件实现吸嘴吸取工件的效果，来完成物块搬运的仿真。学习如何创建控制器输出信号、Smart 组件的属性与连接、信号和连接、点位示教。

 知识准备

7.3.1　物块搬运

本节通过使用 Smart 组件实现吸嘴吸取工件的效果，来完成物块搬运的仿真。

1. 创建工作站

（1）工作站的创建参考 7.1.1 节，在完成 7.1.1 节的基础上再导入图 7-58 中的两个码垛盘。

（2）建立好的仿真工作站如图 7-59 所示。

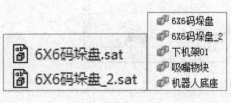

图 7-58　导入码垛盘模型

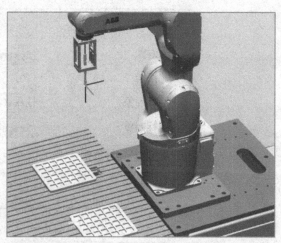

图 7-59　工作站

（3）复制两个吸嘴物块，并分别命名为料盘物块和码盘物块，如图 7-60 所示。

（4）调整好物块的位置，如图 7-61 所示，并将吸嘴物块安装到工具（tool）上（用鼠标左键按住"吸嘴物块"拖动到工具（tool）上，选择不更新位置）。

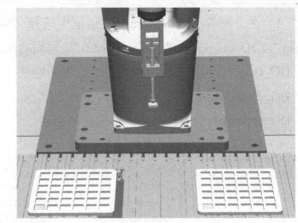

图 7-60　料盘物块和码盘物块　　　　图 7-61　调整好物块的位置

2．创建控制器输出信号

（1）在"控制器"选项卡中选择"配置编辑器"中的"I/O System"选项。

（2）在"配置 I/O System"对话框中选择"DeviceNet Device"选项，新建 Device
NetDevice，输入名称为 D652，地址为 10，其他按默认值，如图 7-62 和图 7-63 所示。

图 7-62　新建 DeviceNet Device

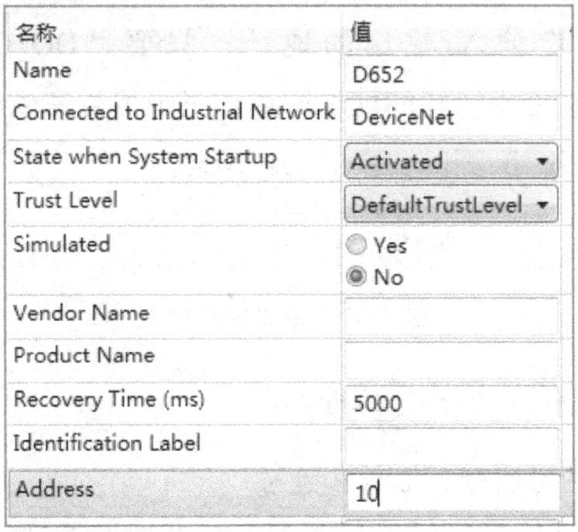

名称	值
Name	D652
Connected to Industrial Network	DeviceNet
State when System Startup	Activated
Trust Level	DefaultTrustLevel
Simulated	○ Yes ◉ No
Vendor Name	
Product Name	
Recovery Time (ms)	5000
Identification Label	
Address	10

图 7-63　设置 DeviceNet Device

（3）在"配置 I/O System"对话框中选择"Signal"选项，新建 3 个信号："DO_Griper""DO_disappear0""DO_appear0"，它们的作用分别如下。

DO_Griper：控制吸嘴上的工件的出现和消失。

DO_disappear0：控制料盘第一个工件的消失。

DO_appear0：控制码盘第一个工件的出现。

（4）DO_Griper 信号设置如图 7-64 所示。

名称	值	信息
Name	DO_Griper	已更改
Type of Signal	Digital Output	已更改
Assigned to Device	D652	已更改
Signal Identification Label		
Device Mapping	0	已更改
Category		
Access Level	Default	
Default Value	0	
Invert Physical Value	○ Yes ◉ No	
Safe Level	DefaultSafeLevel	

图 7-64　DO_Griper 信号设置

Name：名称，自主命名。

Type of Signal：信号类型，这里选择"Digital Output"（数字输出信号）。

Assignedto Device：分配单元，是建立仿真系统输入输出单元时的命名。

Device Mapping：指定输入/输出的地址，只要"DO_Griper""DO_disappear0""DO_appear0"三个信号使用不一样的地址即可。三个信号完成设置如图 7-65 所示。

DO_appear0	Digital Output	D652		2
DO_disappear0	Digital Output	D652		1
DO_Griper	Digital Output	D652		0

图 7-65　完成信号设置

（5）I/O 信号建立完成后需要热重启控制器。

3. Smart 组件的属性与连接、信号和连接

创建的 3 个输出信号的作用如下：料盘上工件消失信号，吸嘴上工件出现/消失信号，码盘上工件出现信号。

物块搬运仿真的动画实现原理如下：隐藏吸嘴上的工件和码盘上的工件；吸嘴到达料盘，使吸嘴上隐藏的工件与料盘上的工件重合；显示吸嘴上的工件，隐藏料盘上的工件，实现吸嘴吸取工件的动画效果；吸嘴带着工件到达码盘，使吸嘴上的工件与码盘上隐藏的工件重合，显示码盘隐藏的工件，隐藏吸嘴上的工件，实现吸嘴放料的动画效果。

具体实现步骤如下。

（1）在"建模"选项卡中选择"Smart 组件"选项，创建一个 Smart 组件"SmartComponent_1"。在"建模"浏览器中双击"SmartComponent_1"，选择"信号和连接"选项卡，单击"添加 I/O Signals"链接，如图 7-66 所示。

图 7-66　添加 I/O Signals

（2）选择"DigitalInput"信号类型，添加名为 DI_disappear 的数字输入信号，如图 7-67 所示。

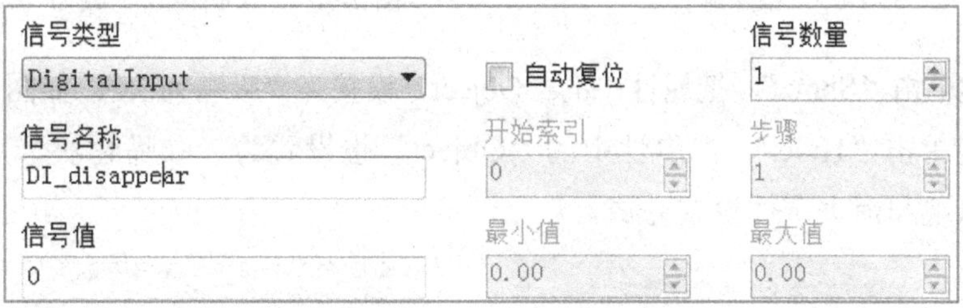

信号类型		信号数量
DigitalInput ▼	□ 自动复位	1
信号名称	开始索引	步骤
DI_disappear	0	1
信号值	最小值	最大值
0	0.00	0.00

图 7-67　添加 DI_disappear 数字输入信号

（3）完成图 7-68 所示的 3 个信号的创建。

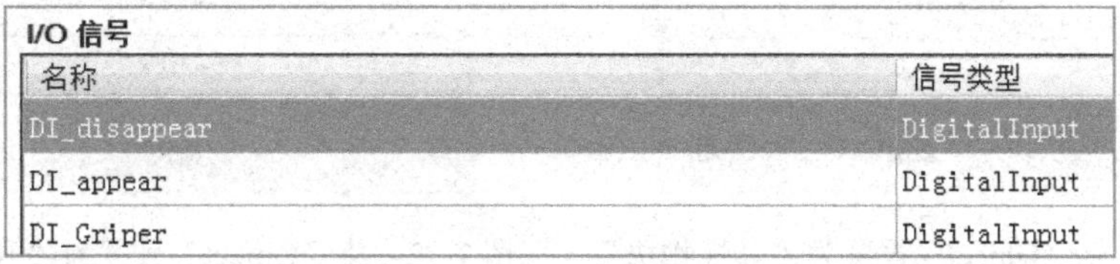

I/O 信号	
名称	信号类型
DI_disappear	DigitalInput
DI_appear	DigitalInput
DI_Griper	DigitalInput

图 7-68　3 个信号的创建

（4）在"组成"选项卡中单击"添加组件"按钮，添加 3 种组件，分别是"LogicGate""Show""Hide"，每个组件各 3 个，如图 7-69 所示。

（5）右键单击"LogicGate"，把属性中"Operator"设置为"NOT"，即非门，如图 7-70 所示。

图 7-69　添加组件

图 7-70　"Operator"改为"NOT"

（6）右键单击"Show"，把属性中的"Object"设置为"吸嘴物块"，如图 7-71 所示。

（7）右键单击"Hide"，把属性中的"Object"也设置为"吸嘴物块"，如图 7-72 所示。实体的出现和消失事件设置完成。

图 7-71　将"Object"设置为"吸嘴物块"

图 7-72　将"Object"设置为"吸嘴物块"

270

（8）其他组件的设置按表 7-5 所示进行设置。

表 7-5 组件属性设置

组件名	属性名称	属性值
LogicGate	Operator	NOT
LogicGate_2	Operator	NOT
LogicGate_3	Operator	NOT
Show	Object	吸嘴物块
Hide	Object	吸嘴物块
Show_2	Object	料盘物块
Hide_2	Object	料盘物块
Show_3	Object	码盘物块
Hide_3	Object	码盘物块

（9）在"信号和连接"选项卡中单击"添加 I/O Connection"按钮，"添加 I/O Connection"设置如图 7-73 所示（源对象是源信号的所属，当源信号触发时，目标对象做出对应动作）。

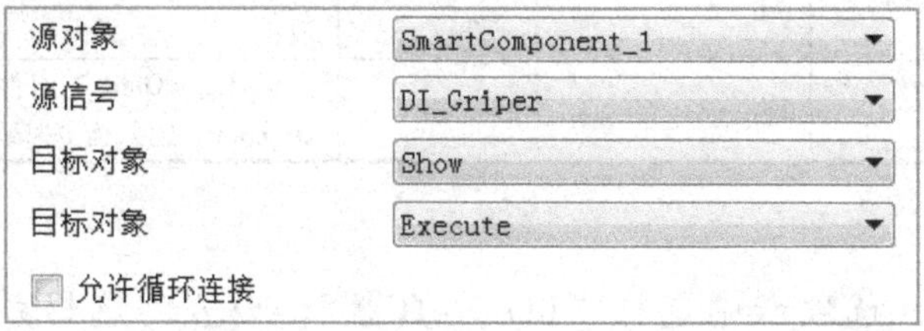

源对象	SmartComponent_1
源信号	DI_Griper
目标对象	Show
目标对象	Execute

☐ 允许循环连接

图 7-73 添加 I/O Connection

（10）单击"确定"按钮，完成 I/O 连接，其他 I/O 连接如图 7-74 所示，设置内容参考表 7-6。

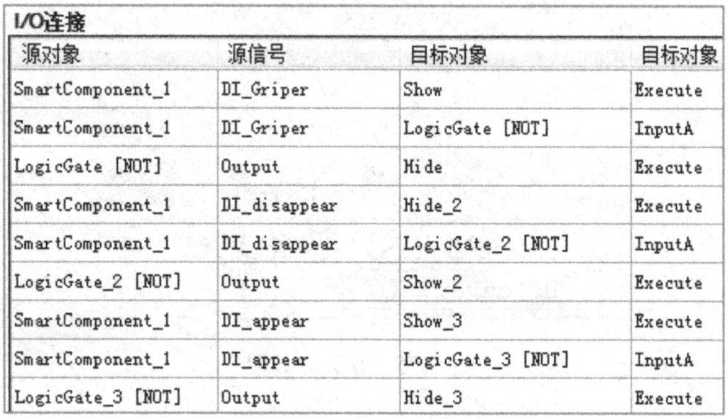

I/O连接

源对象	源信号	目标对象	目标对象
SmartComponent_1	DI_Griper	Show	Execute
SmartComponent_1	DI_Griper	LogicGate [NOT]	InputA
LogicGate [NOT]	Output	Hide	Execute
SmartComponent_1	DI_disappear	Hide_2	Execute
SmartComponent_1	DI_disappear	LogicGate_2 [NOT]	InputA
LogicGate_2 [NOT]	Output	Show_2	Execute
SmartComponent_1	DI_appear	Show_3	Execute
SmartComponent_1	DI_appear	LogicGate_3 [NOT]	InputA
LogicGate_3 [NOT]	Output	Hide_3	Execute

图 7-74 添加 I/O Connection

表 7-6　I/O 连接设置内容

源对象	源信号	目标对象	目标对象	功　能
SmartCompo nent_1	DI_Griper	Show	Execute	把输入 DI_Griper 与 Show 组件连接，当 DI_Griper 输入为 1 时吸嘴物块出现
SmartCompo nent_1	DI_Griper	LogicGate[NOT]	InputA	把输入 DI_Griper 与 LogicGate 组件连接，LogicGate 组件的输出为输入 DI_Griper 的值取反
LogicGate[N OT]	Output	Hide	Execute	把 LogicGate 组件与 Hide 组件连接，当 DI_Griper 输入为 0 时吸嘴物块隐藏
SmartCompo nent_1	DI_disappear	Hide_2	Execute	把输入 DI_disappear 与 Hide_1 组件连接，当 DI_disappear 输入 1 时料盘物块隐藏
SmartCompo nent_1	DI_disappear	LogicGate_2[NO T]	InputA	把输入 DI_disappear 与 LogicGate_2 组件连接，LogicGate_2 组件的输出为输入 DI_disappear 的值取反
LogicGate_2[NOT]	Output	Show_2	Execute	把 LogicGate_2 组件与 Show_1 组件连接，当 DI_disappear 输入为 0 时料盘物块出现
SmartCompo nent_1	DI_appear	Show_3	Execute	把输入 DI_appear 与 Show_2 组件连接，当 DI_appear 输入为 1 时码盘物块出现
SmartCompo nent_1	DI_appear	LogicGate_3[NO T]	InputA	把输入 DI_appear 与 LogicGate_3 组件连接，LogicGate_3 组件的输出为输入 DI_appear 的值取反
LogicGate_3[NOT]	Output	Hide_3	Execute	把 LogicGate_3 组件与 Hide_2 组件连接，当 DI_appear 输入为 0 时码盘物块隐藏

4．信号测试

（1）在"仿真"选项卡中选择"I/O 仿真器"，设置"选择系统"为"SmartCom-ponent_1"，如图 7-75 所示。

图 7-75　I/O 仿真器

三个信号"DI_appear""DI_disappear""DI_Griper"的功能如下。

DI_disappear：为 1 时料盘物块消失；为 0 时料盘物块出现。

DI_appea：为 1 时码盘物块出现；为 0 时码盘物块消失。

DI_Griper：为 1 时吸嘴物块出现；为 0 时吸嘴物块消失。

（2）3 个物块分别控制的物体如图 7-76 所示。

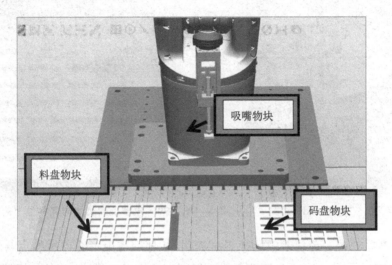

图 7-76　3 个物块控制的物体

（3）配置工作站逻辑，在"仿真"选项卡中选择"工作站逻辑"。

（4）单击添加 I/O Connection，按照图 7-77 进行 I/O 连接。

I/O连接			
源对象	源信号	目标对象	目标对象
System42	DO_Griper	SmartComponent_1	DI_Griper
System42	DO_disappear0	SmartComponent_1	DI_disappear
System42	DO_appear0	SmartComponent_1	DI_appear

图 7-77　I/O 连接

5. 点位示教

（1）在"建模"选项卡中使用"Freehand"工具，手动操作机器人示教器的点位。

（2）选择"手动线性"，单击机器人，拖动任意轴，即可控制机器人直线运动，如图 7-78 所示。

（3）如图 7-79 所示，把机器人移动到吸嘴上的物块与取料盘上的料盘物块重合的位置。

图 7-78　"Freehand"工具

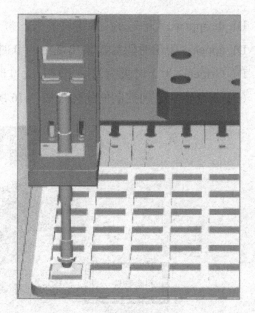

图 7-79　吸嘴上的物块与取料盘上的料盘物块重合

（4）在"控制器"选项卡中选择"示教器"（使用虚拟示教器示教点与使用真实示教器示教点的方法一样），注意在示教点的时候要切换为手动模式，本例需要图 7-80 中的 4 个点位。

Name	Value	Module	1 to 4 of 4
pActualPos	[[347.9,-264.2...	MainMoudel	Global
pHome	[[287.9,1.76,3...	MainMoudel	Global
pPick	[[287.9,-264.2...	MainMoudel	Global
pPlace	[[287.9,130.88...	MainMoudel	Global

图 7-80　需要示教的点位

（5）在"基本"选项卡中选择"同步"中的"同步到 RAPID"选项，下面是在 RAPID 中编写的机器人程序。

```
MODULE MainMoudel
PERS robtarget pHome:=[[287.90,1.76,376.63],[0.01966,0.0137981,
        -0.999711,-0.000605992],[0,0,3,0],[9E+09,9E+09,9E+09,9E+09,
        9E+09,9E+09]];
PERS robtarget pPick:=[[437.90,-264.28,185.20],[0.019659,0.0137974,
        -0.999711,-0.000606012],[-1,-1,3,0],[9E+09,9E+09,9E+09,9E+09,
        9E+09,9E+09]];
PERS robtarget pPlace:=[[437.90,130.88,185.20],[0.0196595,0.0137978,
```

```
        -0.999711,-0.000605858],[0,0,4,0],[9E+09,9E+09,9E+09,
        9E+09,9E+09,9E+09]];
    PERS robtarget pActualPos:=[[287.9,1.76,376.63],[0.01966,0.0137982,
        -0.999711,-0.000605994],[0,0,3,0],[9E+09,9E+09,9E+09,9E+09,
        9E+09,9E+09]];
    PROC main()
    init;
    pllect:
    pick;
    place;
    ENDPROC

    PROC init()
    Reset DO_Griper;
    Reset DO_disappear0;
    Reset DO_appear0;
    pActualPos:=CRobT(\tool:=tool0);
    pActualPos.trans.z:=pHome.trans.z;
    MoveL pActualPos,v500,fine,Tool0\WObj:=wobj0;
    MoveJ pHome,v500,fine,Tool0\WObj:=wobj0;
    ENDPROC

    PROC pick()
    MoveJ offs(pPick,0,0,30),v500,fine,Tool0\WObj:=wobj0;
    MoveL pPick,v500,fine,Tool0\WObj:=wobj0;
    Set DO_Griper;
    Set DO_disappear0;
    MoveL offs(pPick,0,0,30),v500,fine,Tool0\WObj:=wobj0;
    MoveJ pHome,v500,fine,Tool0\WObj:=wobj0;
    ENDPROC

    PROC place()
    MoveJ offs(pPlace,0,0,30),v500,fine,Tool0\WObj:=wobj0;
    MoveL pPlace,v500,fine,Tool0\WObj:=wobj0;
    Set DO_appear0;
    Reset DO_Griper;
    MoveL offs(pPlace,0,0,30),v500,fine,Tool0\WObj:=wobj0;
    MoveJ pHome,v500,fine,Tool0\WObj:=wobj0;
    ENDPROC
    ENDMODULE
```

（6）在"仿真"选项卡中单击"播放"按钮，仿真测试编写的机器人程序。

7.3.2 皮带搬运

1. 使用 Smart 组件 LineSensor、Attacher、Detacher、LogicGate 实现吸嘴吸取物块效果

1）创建仿真工作站

（1）参照前面的方法导入图 7-81 中的模型。

（2）调整好导入模型的位置和姿势，添加机器人系统，完成机器人工作站创建（参考前面工作站建立的方法），如图 7-82 所示。

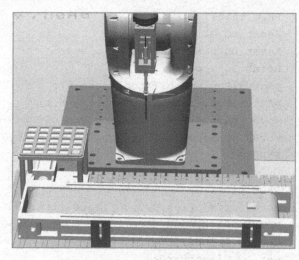

图 7-81　导入模型　　　　　　图 7-82　创建机器人工作站

2）创建动态夹具

参照 7.1 节的方法，把"吸嘴安装组合"部件创建为工具 Tool1，在"仿真"选项卡中新建一个 Smart 组件，并重命名为"SC_Gripper"，将工具 Tool1 拖动至 Smart 组件"SC_Gripper"中，如图 7-83 所示。再将 Smart 组件"SC_Gripper"安装到机器人法兰盘上。

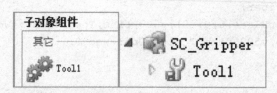

图 7-83　创建动态夹具

3）添加信号和信号连接

（1）添加一个数字输出信号 DO_Griper，用来控制吸嘴吸取物料，如图 7-84 所示。

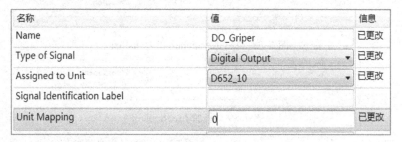

图 7-84　添加数字输出信号 DO_Griper

（2）在 Smart 组件"SC_Gripper"中选择"信号和连接"选项卡，在"添加 I/O Signals"对话框中添加一个数字输入信号"DI_Gripper"，如图 7-85 所示。

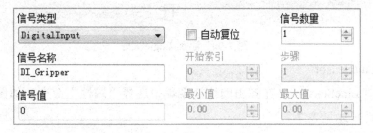

图 7-85　添加数字输入信号"DI_Gripper"

（3）在"仿真"选项卡中打开工作站逻辑，双击"SC_Gripper"，如图 7-86 所示。

（4）在"信号和连接"选项卡中单击"添加 I/O Connection"，如图 7-87 所示。

图 7-86　打开工作站逻辑

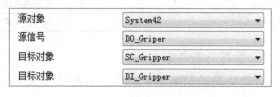

图 7-87　添加 I/O Connection

4）设置 SC_Gripper

在 Smart 组件"SC_Gripper"组成中单击"添加组件"按钮，分别添加 Attacher、Detacher、LineSensor 及 LogicGate（非门），如图 7-88～图 7-90 所示。

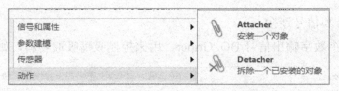

图 7-88　添加 Attacher 和 Detacher

图 7-89　添加 LineSensor

图 7-90　添加 LogicGate

5）设置 LineSensor

右键单击"LineSensor"，在弹出的快捷菜单中选择"属性"命令，如图 7-91 所示。LineSensor 属性描述见表 7-7。

表 7-7　LineSensor 属性描述

属　　性	描　　述
Start	线传感器的起点
End	线传感器的终点
Radius	线传感器的检测半径
SensedPart	检测到的零件

6）设置 Attacher

右键单击"Attacher"，在弹出的快捷菜单中选择"属性"命令，具体设置如图 7-92 所示。

把视角移动到能看到吸嘴的下方，选择"捕捉中心"工具，捕捉吸嘴的中心点，如图 7-93 所示。

单击 Start 起点的输入框，再单击吸嘴中心点，输入框会自动填入该点的坐标。单击 End 终点的输入框，再单击吸嘴中心点，把第三个输入框的值减 5，在"Radius"文本框中输入 2，如图 7-94 所示。

图 7-91 LineSensor 属性设置　　　　图 7-92 Attacher 属性设置

图 7-93 捕捉吸嘴的中心点

若传感器不在吸嘴的末端，则右键单击"LineSensor"，在弹出的快捷菜单中选择"位置"→"设定位置"命令，在弹出的对话框中把所有坐标改为 0，如图 7-95 所示。

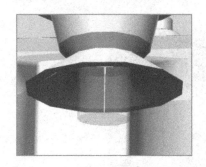

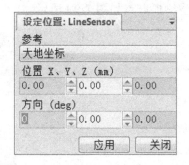

图 7-94 传感器设置　　　　图 7-95 "设定位置:LineSensor"对话框

设置传感器后，需将工具设为"不可由传感器检测"，即右键单击工具 Tool1，在弹出的快捷菜单中取消选择"可由传感器检测"复选框，以免传感器与工具发生干涉。

7）属性连接

进入 SC_Gripper 的"属性与连接"界面，单击"添加连接"，把线传感器检测到的零件与 Attacher 组件要安装的零件进行连接，如图 7-96 所示。

再把 Attacher 组件安装的零件与 Detacher 要拆除的零件连接，如图 7-97 所示。

源对象	LineSensor
源属性	SensedPart
目标对象	Attacher
目标属性	Child
☐ 允许循环连结	

源对象	Attacher
源属性	Child
目标对象	Detacher
目标属性	Child

图 7-96　Attacher 组件与安装的零件连接　　　图 7-97　Attacher 组件安装的零件与
　　　　　　　　　　　　　　　　　　　　　　　　　　　　Detacher 要拆除的零件连接

8）添加信号连接

在 SC_Gripper 的"信号和连接"选项卡中单击"添加 I/OConnection"，添加图 7-98 所示的连接。

I/O连接			
源对象	源信号	目标对象	目标对象
SC_Gripper	DI_Gripper	LineSensor	Active
LineSensor	SensorOut	Attacher	Execute
SC_Gripper	DI_Gripper	LogicGate [NOT]	InputA
LogicGate [NOT]	Output	Detacher	Execute

图 7-98　添加信号连接

9）示教抓取点

示教物料抓取点如图 7-99 所示。

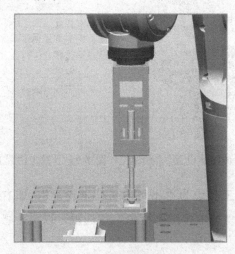

图 7-99　示教抓取点

10）编写程序进行测试

示例如下：

```
MODULE MainMoudel
PERS robtarget pPick:=[[345.81,-233.09,337.20],[0.0137994,0.0180846,
    -0.99974,0.00185196],[-1,-1,3,0],[9E+09,9E+09,9E+09,9E+09,
    9E+09,9E+09]];

PROC main()
MoveJ Offs(pPick,0,0,50),v500,fine,Tool0\WObj:=wobj0;
MoveL Offs(pPick,0,0,0),v500,fine,Tool0\WObj:=wobj0;
Set DO_Griper;
WaitTime 0.5;
MoveL Offs(pPick,0,0,50),v500,fine,Tool0\WObj:=wobj0;
        WaitTime1;
MoveJ Offs(pPick,0,0,50),v500,fine,Tool0\WObj:=wobj0;
MoveL Offs(pPick,0,0,0),v500,fine,Tool0\WObj:=wobj0;
Reset DO_Griper;
WaitTime 0.5;
MoveL Offs(pPick,0,0,50),v500,fine,Tool0\WObj:=wobj0;
ENDPROC
ENDMODULE
```

2. 使用 Smart 组件 Source、Queue、LinearMover、PlaneSensor 实现传送带送料

1）添加组件

创建一个 Smart 组件 SmartComponent_1，在"组成"中添加 3 个组件：Source（见图 7-100）、Queue（见图 7-101）和 LinearMover（见图 7-102）。

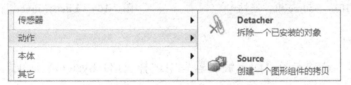

图 7-100　添加 Source

图 7-101　添加 Queue

图 7-102　添加 LinearMover

右键单击"Source"组件，设置属性，把"Source"属性设置为"皮带物块"，勾选"Transient"复选框，把"位置"设置与皮带物块的位置一样，单击"应用"按钮，如图 7-103 所示。（Transient：义为临时的，指复制的物料只在当前仿真中使用，停止仿真后会自动删除。）

右键单击"LinearMove"组件，在弹出的快捷菜单中选择"属性"命令，按照图 7-104 进行设置，特别注意要激活 Execute。

图 7-103　Source 组件属性

图 7-104　LinearMove 组件属性

2）添加信号

在"控制器"选项卡的"配置编辑器"中选择"I/O System"选项，新建一个数字输出信号 DO_Start 作为传送带上料的触发信号，如图 7-105 所示。

名称	值	信息
Name	DO_Start	已更改
Type of Signal	Digital Output	已更改
Assigned to Unit	D652_10	已更改
Signal Identification Label		
Unit Mapping	1	已更改

图 7-105　添加数字输出信号 DO_Start

在 Smart 组件 SmartComponent_1 的"属性与连接"选项卡中单击"添加连接"，添加

图 7-106 所示的属性连接，其作用是把 Source 的皮带物块的副本加入 Queue 组件的队列中。

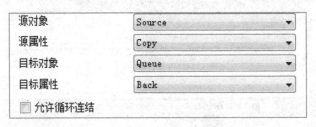

源对象	Source
源属性	Copy
目标对象	Queue
目标属性	Back
☐ 允许循环连结	

图 7-106　添加属性连接

在 Smart 组件 SmartComponent_1 的"信号和连接"选项卡单击"添加 I/O Signals"，添加一个数字输入信号 DI_Start，如图 7-107 所示。

信号类型		信号数量
DigitalInput	☐ 自动复位	1
信号名称	开始索引	步骤
DI_Start	0	1
信号值	最小值	最大值
0	0.00	0.00

图 7-107　添加数字输入信号 DI_Start

单击"添加 I/O Connection"，添加 3 个信号连接，如图 7-108 所示。

I/O连接

源对象	源信号	目标对象	目标对象
SmartComponent_1	DI_Start	Source	Execute
Source	Executed	Queue	Enqueue

图 7-108　添加 I/O Connection

右键单击"皮带物块"部件，在弹出的快捷菜单中选择"可见"命令，即显示物块，这个物块用来测试吸嘴能否把物块吸起来，测试完再重新隐藏。

在 Main 程序编写以下无限循环程序进行传送带测试，测试效果如图 7-109 所示。

```
PROCmain()
WHILETRUEDO
ENDWHILE
ENDPROC
```

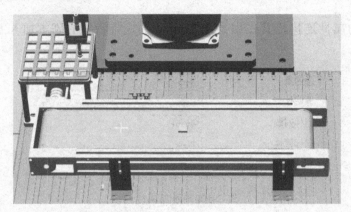

图 7-109　传送带测试

在工作站逻辑的"信号和连接"选项卡中单击"添加 I/O Connection"，添加连接如图 7-110 所示。

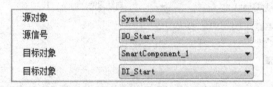

源对象	System42
源信号	DO_Start
目标对象	SmartComponent_1
目标对象	DI_Start

图 7-110　添加 I/O Connection

3）使用 Smart 组件 PlaneSensor 实现来料检测

（1）创建一个数字输入信号 DI_Inplace，代表传感器信号，如图 7-111 所示。

名称	值	信息
Name	DI_Inplace	已更改
Type of Signal	Digital Input	已更改
Assigned to Unit	D652_10	已更改
Signal Identification Label		
Unit Mapping	2	已更改

图 7-111　添加数字输入信号 DI_Inplace

（2）在 Smart 组件 SmartComponent_1 的"组成"中添加一个组件 PlaneSensor。

（3）右键单击"PlaneSensor"，设置属性，单击属性里的 Origin 原点的输入框，选择"捕捉对象"工具，捕捉皮带上的一点（见图 7-112），点的位置坐标会自动填入输入框中（见图 7-113），把 Axisi1 和 Axis2 的值按照图 7-113 进行设置。

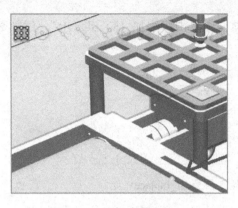

图 7-112　捕捉皮带上的一点

图 7-113　设置 PlaneSensor 属性

修改原点坐标，直到单击信号"active"后不会检测到与物体碰撞，即 SensedPart 中不会出现检测到物体，且信号中的 SensorOut 不被触发，完成设置后保持 Active 的触发信号为 1 的状态。

（4）在 Smart 组件 SmartComponent_1 的"信号和连接"选项卡中单击"添加 I/O Signals"，添加数字输出信号 DO_Inplace，如图 7-114 所示。

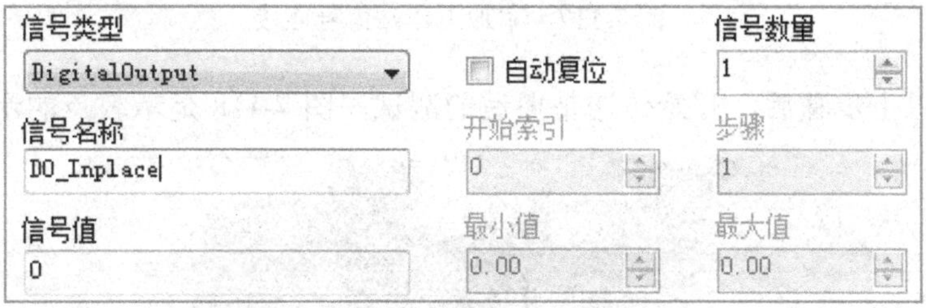

图 7-114　添加数字输出信号 DO_Inplace

（5）单击"添加 I/O Connection"，添加 3 个 I/O 连接，使 DI_Start 信号为 1 时，传感器才开始检测，物块碰到传感器之后会停下，并且触发到位信号 Inplace，如图 7-115 所示。

PlaneSensor	SensorOut	Queue	Dequeue
PlaneSensor	SensorOut	SmartComponent_1	DO_Inplace
SmartComponent_1	DI_Start	PlaneSensor	Active

图 7-115　添加 3 个 I/O 连接

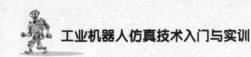

（6）在工作站逻辑的"信号和连接"选项卡中单击"添加 I/O Signals"，添加数字输入信号 DI_Inplace，如图 7-116 所示。

图 7-116　添加数字输入信号 DI_Inplace

（7）在工作站逻辑的"信号和连接"选项卡中单击"添加 I/O Connection"，添加工作站信号连接，如图 7-117 所示。

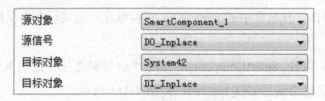

图 7-117　添加工作站信号连接

（8）完成以上步骤后，开始传送带搬运的测试，图 7-118 是示教点的示意图。

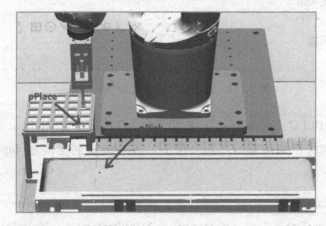

图 7-118　示教点示意图

编写完整的程序如下：

```
MODULEMain Moudel
    PERS robtarget pHome:=[[287.90,1.76,376.63],[0.01966,0.0137981,
```

```
        -0.999711,-0.000605992],[0,0,3,0],[9E+09,9E+09,9E+09,9E+09,
        9E+09,9E+09]];
    PERS robtarget pPick:=[[488.12,-221.20,289.70],[0.0135414,0.0375043,
        -0.999204,-0.000874045],[-1,-1,3,0],[9E+09,9E+09,9E+09,9E+09,
        9E+09,9E+09]];
    PERS robtarget pPlace:=[[345.37,-235.54,337.22],[0.0135399,0.0375051,
        -0.999204,-0.000873225],[-1,-1,3,0],[9E+09,9E+09,9E+09,9E+09,
        9E+09,9E+09]];
    PERS robtarget pActualPos:=[[287.9,1.76,376.63],[0.01966,0.0137982,
        -0.999711,-0.000605994],[0,0,3,0],[9E+09,9E+09,9E+09,9E+09,
        9E+09,9E+09]];
    PROC main()
    init;
    pickandplace;
    ENDPROC

    PROC init()
    Reset DO_Griper;
    Reset DO_Start;
    pActualPos:=CRobT(\tool:=tool0);
    pActualPos.trans.z:=pHome.trans.z;
    MoveL pActualPos,v500,fine,Tool0\WObj:=wobj0;
    MoveJ pHome,v500,fine,Tool0\WObj:=wobj0;
    ENDPROC

    PROC pickandplace()
    Set DO_Start;
    WaitDI DI_InPlace,1;
    MoveJ Offs(pPick,0,0,50),v500,fine,Tool0\WObj:=wobj0;
    MoveL Offs(pPick,0,0,0),v500,fine,Tool0\WObj:=wobj0;
    Set DO_Griper;
    WaitTime 0.5;
    MoveL Offs(pPick,0,0,50),v500,fine,Tool0\WObj:=wobj0;
    MoveJ Offs(pPlace,0,0,50),v500,fine,Tool0\WObj:=wobj0;
    MoveL Offs(pPlace,0,0,0),v500,fine,Tool0\WObj:=wobj0;
    Reset DO_Griper;
    WaitTime 0.5;
    MoveL Offs(pPlace,0,0,50),v500,fine,Tool0\WObj:=wobj0;
    MoveJ pHome,v500,fine,Tool0\WObj:=wobj0;
    ENDPROC
ENDMODULE
```

任务实施

本节任务实施见表 7-8 和表 7-9。

表 7-8　搬运任务书

姓　　名		任务名称	搬运
指导教师		同组人员	
计划用时		实施地点	
时　　间		备　　注	
任　务　内　容			

1．运用 Smart 组件完成物块搬运。
2．自动路径功能的使用。
3．工作站程序同步。

考核项目	使用 Smart 组件实现吸嘴吸取工件的效果，来完成物块搬运的仿真		
	使用 Smart 组件 LineSensor、Attacher、Detacher 实现吸嘴吸取物块的效果		
	使用 Smart 组件 Source、Queue、LinearMover 实现传送带送料的效果		
	使用 Smart 组件 PlaneSensor 实现来料检测的效果		
资　　料	工　　具		设　　备
教材			计算机

表 7-9　搬运任务完成报告

姓　　名		任务名称	搬运
班　　级		同组人员	
完成日期		实施地点	

操作题

（1）在完成本节物块搬运案例的基础上，完成一列 6 个物块的搬运，如图 7-119 所示。

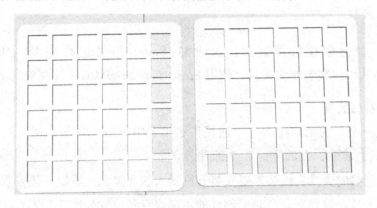

图 7-119　6 个物块的搬运

（2）在完成本节皮带搬运的基础上，完成一列 6 个物块的皮带搬运，如图 7-120 所示。

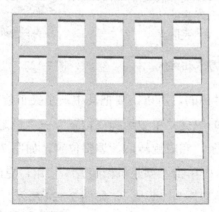

图 7-120　6 个物块的皮带搬运

7.4　装　　配

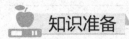

7.4.1　创建夹具

本节学习如何创建机械装置，并通过 Smart 组件进行控制。主要包括使用 RobotStudio 中的机械装置制作夹具、使用 Smart 组件 PoseMover 控制夹具动作。

创建夹具机械装置

（1）新建一个空的工作站，在"建模"选项卡中单击"导入几何体"按钮，导入图 7-121 中的夹具总装配、夹爪及夹爪_2 部件。

（2）由于创建的夹具机械装置要安装到机器人法兰盘上，所以，需设置模型自身的坐标和大地坐标一致，设置夹具总装配部件的本地原点和位置如图 7-122 所示。

图 7-121　导入几何体

图 7-122　设定本地原点和位置

（3）由于两个夹爪是对称的，所以，要把其中一个夹爪旋转 180°，再调整位置。右键单击"夹爪_2"，在弹出的快捷菜单中选择"位置"→"设定位置"命令，在 Z 轴方向为 180°，单击"应用"按钮，完成旋转后，调整位置，如图 7-123 所示。

（4）在"建模"选项卡中单击"创建机械装置"按钮，更改"机械装置模型名称"为"夹具"，更改"机械装置类型"为"设备"，如图 7-124 所示。

图 7-123　调整夹爪的位置

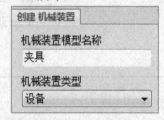

图 7-124　创建机械装置

（5）双击"链接"，添加 3 个链接，如图 7-125～图 7-127 所示。

图 7-125　创建连接 L1

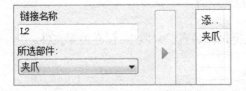

图 7-126　创建连接 L2

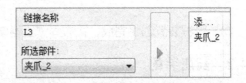

图 7-127　创建机械装置连接 L3

（6）双击"接点"，添加两个连点，修改关节类型为"往复的"，单击第一个位置输入框，选择"捕捉对象"工具，单击夹爪的第一个位置，同理设置第二个位置，都设置完成后将出现一条绿色的直线，即是机械装置的关节轴，再修改关节限值，拖动操纵轴可查看效果，单击"应用"按钮，如图 7-128 和图 7-129 所示。

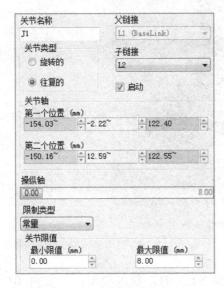

图 7-128　创建接点 J1

图 7-129　创建接点 J2

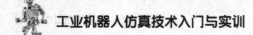

（7）选择"编译机械装置"，单击"添加"按钮，添加一个姿态，把关节值分别拖动到 8 和–8，即气缸手指张开，代表此姿态是手指张开的姿态，单击"应用"按钮，如图 7-130 所示。

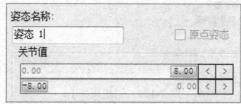

图 7-130　添加姿态 1

（8）机械装置创建完成，在布局浏览器中选择机械装置"夹具"，保存为库文件。

7.4.2　药瓶装配

本节要求掌握如何导入几何体、虚拟数字信号创建方法、属性连接和信号连接的方法、Smart 组件中的 LogicGate 组件、Attacher 组件、Detacher 组件、LineSenor 组件、PoseMover 组件的使用方法、点位示教方法。

任务要求：控制机器人使用夹爪夹起瓶盖，并安装在药瓶上，如图 7-131 所示。

图 7-131　机器人动作流程

1．创建机器人工作站

参考前面的章节，导入机器人 IRB1200_7_70_STD_01，导入模型：下架机 01、底座、瓶盖、药瓶，如图 7-132 所示。

　　调整导入模型的位置，把机械装置"夹具"安装到机器人法兰盘上，创建机器人系统，如图 7-133 所示。

图 7-132　机器人动作流程 　　　　　　　　图 7-133　调整导入模型的位置

2．创建组件

　　创建 Smart 组件"SmartComponent_1"，把机械装置（夹具）从机器人法兰盘上拆除，选择不更新位置，再把机械装置（夹具）拖动 Smart 组件"SmartComponent_1"中，最后把 Smart 组件"SmartComponent_1"安装到机器人上，从而完成动态夹具 SmartComponent_1 的创建。

　　在 Smart 组件组成中添加如图 7-134 所示的组件，用到的 Smart 组件功能见表 7-10。

图 7-134　创建 Smart 组件

表 7-10　Smart 组件功能

Smart 组件	功　　能
PoseMover[姿态 1]	控制夹爪闭合
PoseMover_2[HomePose]	控制夹爪张开
LogicGate[NOT]	逻辑非门，当夹具信号变为 0 时，其输出 1
Attacher	用来夹起工件
Detacher	用来放下工件
LineSensor	线传感器，用来检测两个夹爪之间的工件

3. 设置 Smart 组件的"属性与连接"

在 Smart 组件的"属性与连接"中添加两个连接，如图 7-135 所示。

4. 设置 Smart 组件"信号和连接"

在 Smart 组件的"信号和连接"选项卡中单击"添加 I/O Signals"按钮，添加一个数字输入信号 DI_Gripper，如图 7-136 所示。

属性连结

源对象	源属性	目标对象	目标属性
LineSensor	SensedPart	Attacher	Child
Attacher	Child	Detacher	Child

图 7-135　添加两个连接

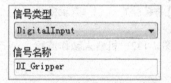

图 7-136　添加数字输入信号 DI_Gripper

在 Smart 组件的"信号和连接"选项卡中单击"添加 I/O Conection"按钮，添加如图 7-137 所示的 I/O 连接。

I/O连接

源对象	源信号	目标对象	目标对象
SmartComponent_1	DI_Gripper	PoseMover [姿态 1]	Execute
SmartComponent_1	DI_Gripper	LineSensor	Active
LineSensor	SensorOut	Attacher	Execute
SmartComponent_1	DI_Gripper	LogicGate [NOT]	InputA
LogicGate [NOT]	Output	Detacher	Execute
LogicGate [NOT]	Output	PoseMover_2 [HomePose]	Execute

图 7-137　添加 I/O 连接

5. 设置工作站的"信号和连接"

在控制器选项下的 I/O System 中添加 D652_10 板卡和数字输出信号 DO_Gripper，如图 7-138 和图 7-139 所示。

Name	D652_10	已更改
Connected to Industrial Network	DeviceNet	

图 7-138 添加 D652_10 板卡

Name	DO_Gripper	已更改
Type of Signal	Digital Output	已更改
Assigned to Device	D652	已更改
Signal Identification Label		
Device Mapping	0	已更改

图 7-139 添加数字输出信号 DO_Gripper

在工作站的"信号和连接"选项卡中单击"添加 I/O Conection"按钮，添加一个 I/O 连接，如图 7-140 所示。

I/O连接			
源对象	源信号	目标对象	目标对象
System45	DO_Gripper	SmartComponent_1	DI_Gripper

图 7-140 添加 I/O 连接

6. 示教点位和编写程序

示教安全点 pHome、夹盖子的抓取点 pPick 和放盖子的放置点 pPlace，编写机器人程序如下：

```
MODULE MainMoudel
  CONST robtarget pHome:=[[627.91,-1.06,528.07],[0.000784683,0.51655,
      0.856248,0.00374924],[-1,0,0,0],[9E+09,9E+09,9E+09,9E+09,
      9E+09,9E+09]];
  CONST robtarget pPick:=[[627.91,156.87,172.74],[0.000784346,
      0.516551,0.856248,0.00374906],[0,0,0,0],[9E+09,9E+09,9E+09,
      9E+09,9E+09,9E+09]];
  CONST robtarget pPlace:=[[619.07,-147.95,225.77],[0.000784148,
      0.51655,0.856248,0.00374858],[-1,0,0,0],[9E+09,9E+09,9E+09,
      9E+09,9E+09,9E+09]];

  PROC main()
  WHILE TRUE DO
```

```
            Reset DO_Gripper;
            MoveJ pHome,v500,fine,Tool0\WObj:=wobj0;
            WaitTime 1;
            MoveJ offs(pPick,0,0,50),v500,fine,Tool0\WObj:=wobj0;
            MoveL offs(pPick,0,0,0),v500,fine,Tool0\WObj:=wobj0;
            Set DO_Gripper;
            WaitTime 1;
            MoveL offs(pPick,0,0,50),v500,fine,Tool0\WObj:=wobj0;
            MoveJ offs(pPlace,0,0,50),v500,fine,Tool0\WObj:=wobj0;
            MoveL offs(pPlace,0,0,0),v500,fine,Tool0\WObj:=wobj0;
            WaitTime 1;
            Reset DO_Gripper;
            MoveL offs(pPlace,0,0,50),v500,fine,Tool0\WObj:=wobj0;
            WaitTime 1;
            MoveL offs(pPlace,0,0,0),v500,fine,Tool0\WObj:=wobj0;
            Set DO_Gripper;
            WaitTime 1;
            MoveL offs(pPlace,0,0,50),v500,fine,Tool0\WObj:=wobj0;
            MoveJ offs(pPick,0,0,50),v500,fine,Tool0\WObj:=wobj0;
            MoveL offs(pPick,0,0,0),v500,fine,Tool0\WObj:=wobj0;
            WaitTime 1;
            Reset DO_Gripper;
            MoveL offs(pPick,0,0,50),v500,fine,Tool0\WObj:=wobj0;
        ENDWHILE
    ENDPROC
ENDMODULE
```

7. 仿真测试程序

在"仿真"选项卡中单击"播放"按钮，完成整个程序测试。

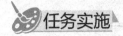 任务实施

本节任务实施见表 7-11 和表 7-12。

表 7-11 药瓶装配任务书

姓 名		任务名称	药瓶装配
指导教师		同组人员	
计划用时		实施地点	
时 间		备 注	

任 务 内 容

1. 学习如何创建机械装置。
2. 使用机械装置制作夹具。
3. 使用 Smart 组件 PoseMover 控制夹具动作。
4. 掌握如何导入几何体。
5. 掌握虚拟数字信号的创建方法。
6. 掌握属性连接和信号连接的方法。
7. 掌握 Smart 组件中的 LogicGate 组件、Attacher 组件、Detacher 组件、LineSenor 组件、PoseMover 组件的使用方法。
8. 掌握点位示教的方法。

	创建机械装置	
	使用机械装置制作夹具	
	使用 Smart 组件 PoseMover 控制夹具动作	
考核项目	导入几何体	
	创建虚拟数字信号	
	设置属性连接和信号连接	
	Smart 组件的使用和点位示教	

资 料	工 具	设 备
教材		计算机

表 7-12　药瓶装配任务完成报告

姓　名		任务名称	药瓶装配
班　级		同组人员	
完成日期		实施地点	

操作题

　　在完成本节药瓶装配案例的基础上，运用 RobotStudio 软件的建模功能，新建 5 个小圆柱体模型作为药丸，把 5 个药丸从桌面搬运到药瓶中，最后盖上瓶盖，再打开盖子，重新把 5 个药丸从药瓶搬回到桌面中，循环动作，如图 7-141 所示。

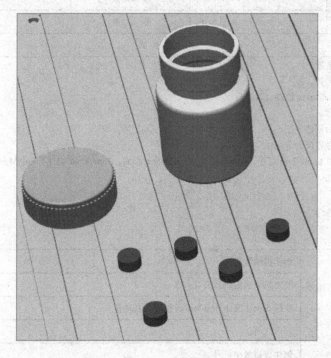

图 7-141　药瓶装配

7.5　视　觉　贴　合

本节主要介绍如何使用 Smart 组件实现视觉贴合的效果，进行视觉贴合仿真。

 知识准备

1. 创建机器人工作站

参考 7.3.1 节物块搬运的案例，导入图 7-142 中的模型。

创建机器人系统，添加中文语言（Chinese）和 I/O 配置（709-1 DeviceNet/slave）的功能选项，调整导入几何体的位置，安装机器人夹具，完成视觉贴合仿真工作站，如图 7-143 所示。

📄 6X6码垛盘.sat	📦 6X6码垛盘
📄 光.sat	📦 下机架
📄 环形光源.SAT	📦 下相机架
📄 机器人底座.sat	📦 光
📄 码盘物块.sat	📦 取料盘
📄 取料盘.sat	📦 料盘物块
📄 视觉物块.sat	📦 机器人底座
📄 吸嘴安装组合.sat	📦 环形光源
📄 下机架.sat	📦 相机
📄 下相机架.sat	📦 码盘物块
📄 相机.sat	📦 视觉物块

图 7-142　导入几何体

图 7-143　创建仿真工作站

2. 创建控制器输出信号

在"控制器"选项卡中选择"配置编辑器"中的"I/O System"选项，在"配置 I/O System"对话框中选择"DeviceNet Device"选项，新建 DeviceNet Device，输入名称为 D652，地址为 10，其他按默认值，如图 7-144 所示。

在"配置 I/O System"对话框中选择"Signal"选项，新建 3 个信号："DO_Start""DO_Gripper""AI_RZ"。

（1）DO_Start：用来控制随机生成物块，如图 7-145 所示。

名称	值
Name	D652
Connected to Industrial Network	DeviceNet
State when System Startup	Activated ▾
Trust Level	DefaultTrustLevel ▾
Simulated	○ Yes ◉ No
Vendor Name	
Product Name	
Recovery Time (ms)	5000
Identification Label	
Address	10

图 7-144　设置 DeviceNet Device

Name	DO_Start
Type of Signal	Digital Output ▾
Assigned to Device	D652 ▾
Signal Identification Label	
Device Mapping	0

图 7-145　新建数字输出信号 DO_Start

（2）DO_Gripper：用来控制吸嘴吸取工件，如图 7-146 所示。

Name	DO_Griper
Type of Signal	Digital Output ▾
Assigned to Device	D652 ▾
Signal Identification Label	
Device Mapping	1

图 7-146　新建数字输出信号 DO_Gripper

（3）AI_RZ：用来传递物块的角度偏移，如图 7-147 所示。

Name	AI_RZ
Type of Signal	Analog Input ▾
Assigned to Device	D652 ▾
Signal Identification Label	
Device Mapping	2-32

图 7-147　新建组输入信号 AI_RZ

3．创建 Smart 组件

（1）导入库文件工具"tool1"，新建一个 Smart 组件"SmartComponen_1"，把工具"tool1"拖动到 Smart 组件中，再将整个 Smart 组件"SmartComponen_1"安装到机器人上。

（2）在 Smart 组件中添加如图 7-148 所示的组件。添加组件，如图 7-149～图 7-152 所示。

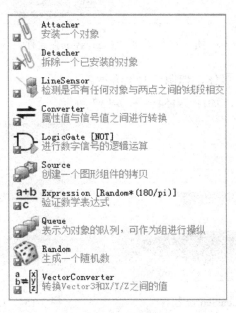

图 7-148　添加组件

图 7-149　添加"Random"组件

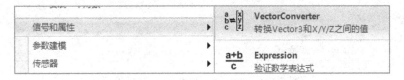

图 7-150　添加"VectorConverter"组件

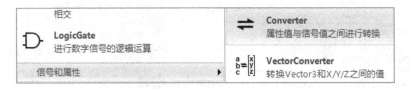

图 7-151　添加"Converter"组件

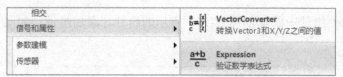

图 7-152　添加"Expression"组件

（3）设置 LineSensor 组件，如图 7-153 所示。

（4）设置属性的组件，如图 7-154～图 7-157 所示。

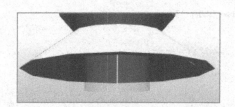

图 7-153　设置 LineSensor 组件

图 7-154　LogiGate 属性设置

图 7-155　Attacher 和 Source 属性设置

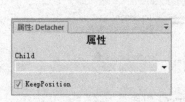

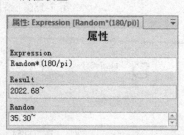

图 7-156　Detacher 和 Expression 属性设置

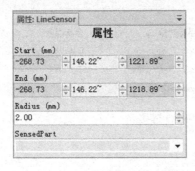

图 7-157　LineSensor 和 Random 属性设置

（5）在 Smart 组件的"信号和连接"中添加 I/O 信号，如图 7-158 所示。

（6）在 Smart 组件的"信号和连接"中添加如图 7-159 所示的 I/O 连接。

I/O 信号

名称	信号类型	值
DI_Gripper	DigitalInput	0
DI_Start	DigitalInput	0
AO_RZ	AnalogOutput	0

图 7-158　添加 I/O 信号

I/O 连接

源对象	源信号	目标对象	目标对象
SmartComponent_1	DI_Gripper	LineSensor	Active
LineSensor	SensorOut	Attacher	Execute
SmartComponent_1	DI_Gripper	LogicGate [NOT]	InputA
LogicGate [NOT]	Output	Detacher	Execute
SmartComponent_1	DI_Start	Random	Execute
Random	Executed	Source	Execute
Source	Executed	Queue	Enqueue
Converter	AnalogOutput	SmartComponent_1	AO_RZ

图 7-159　添加 I/O 连接

（7）在 Smart 组件的"属性与连接"中添加如图 7-160 所示的属性连接。

属性连接

源对象	源属性	目标对象	目标属性
LineSensor	SensedPart	Attacher	Child
Attacher	Child	Detacher	Child
Random	Value	Expression [Random*(180/pi)]	Random
Expression [Random*(180/pi)]	Result	Converter	AnalogProperty
Random	Value	VectorConverter	Z
VectorConverter	Vector	Source	Orientation

图 7-160　添加属性连接

（8）在工作站逻辑中添加如图 7-161 所示的 I/O 连接。

I/O连接			
源对象	源信号	目标对象	目标对象
System42	DO_Griper	SmartComponent_1	DI_Gripper
System42	DO_Start	SmartComponent_1	DI_Start
SmartComponent_1	AO_RZ	System42	AI_RZ

图 7-161　添加 I/O 连接

4. 编写机器人程序

示例如下：

```
MODULE MainMoudel
PERS robtarget pHome:=[[257.65,-2.64,468.18],[1.64119E-06,
        -9.54187E-07,1,-4.13455E-07],[-1,-1,-1,0],[9E+09,9E+09,
        9E+09,9E+09,9E+09,9E+09]];
PERS robtarget pPick:=[[432.94,59.16,16.61],[1.07147E-06,
        4.40478E-07,1,4.77671E-07],[0,0,0,0],[9E+09,9E+09,
        9E+09,9E+09,9E+09,9E+09]];
PERS robtarget pPlace:=[[436.87,165.39,14.79],[2.0223E-06,
        -1.92821E-05,1,7.62192E-07],[0,0,0,0],[9E+09,9E+09,
        9E+09,9E+09,9E+09,9E+09]];
VAR robtarget pPlace1:=[[437.30,164.71,14.79],[1.75007E-06,
        0.258805,0.96593,1.25528E-06],[0,0,0,0],[9E+09,9E+09,
        9E+09,9E+09,9E+09,9E+09]];
PERS robtarget pActualPos:=[[257.692,-2.6187,468.18],
        [8.37816E-05,4.55028E-05,-1,-1.61197E-06],[-1,0,-1,0],
        [9E+09,9E+09,9E+09,9E+09,9E+09,9E+09]];
CONST robtarget pPhoto:=[[257.65,-151.99,308.18],[1.62383E-06,
        -6.56948E-07,1,-5.62331E-07],[-1,0,-1,0],[9E+09,9E+09,
        9E+09,9E+09,9E+09,9E+09]];
VAR robtarget pPhoto1:=[[257.65,-151.99,468.18],[1.62383E-06,
        -6.56948E-07,1,-5.62331E-07],[-1,0,-1,0],[9E+09,9E+09,
        9E+09,9E+09,9E+09,9E+09]];
VAR num anglex;
VAR num angley;
VAR num anglez;
VAR num RZ;
VAR num RZ1;

PROC main()
init;
```

```
pickandplace;
ENDPROC

PROC init()
Reset DO_Gripper;
pActualPos:=CRobT(\tool:=Tool1);
pActualPos.trans.z:=pHome.trans.z;
MoveLpActualPos,v500,fine,Tool1\WObj:=wobj0;
MoveJpHome,v500,fine,Tool1\WObj:=wobj0;
ENDPROC

PROC pickandplace()
Reset DO_Start;
Set DO_Start;
MoveJ Offs(pPick,0,0,50),v500,fine,Tool1\WObj:=wobj0;
MoveL Offs(pPick,0,0,0),v500,fine,Tool1\WObj:=wobj0;
Set DO_Gripper;
WaitTime 0.5;
MoveL Offs(pPick,0,0,50),v500,fine,Tool1\WObj:=wobj0;
MoveJ pHome,v500,fine,Tool1\WObj:=wobj0;

pPhoto 1:=pPhoto;
MoveJ pPhoto1,v500,fine,Tool1\WObj:=wobj0;
WaitTime 1;
anglex:=EulerZYX(\X,pPhoto.rot);
angley:=EulerZYX(\Y,pPhoto.rot);
anglez:=EulerZYX(\Z,pPhoto.rot);
RZ:=AI_RZ;

RZ1:=RZ/90;
RZ1:=Trunc(RZ1);
RZ:=RZ-RZ1*90;
If RZ<-45 Then
RZ:=RZ+90;
ELSE IF RZ>45 Then
RZ:=RZ-90;
ENDIF

pPhoto1.rot:=OrientZYX(anglez-RZ,angley,anglex);
MoveJ pPhoto1,v500,fine,Tool1\WObj:=wobj0;
```

```
pPlace1:=pPlace;
pPlace1.rot:=OrientZYX(anglez-RZ,angley,anglex);
MoveJ Offs(pPlace1,0,0,50),v500,fine,Tool1\WObj:=wobj0;
MoveL Offs(pPlace1,0,0,0),v500,fine,Tool1\WObj:=wobj0;
WaitTime 0.5;
Reset DO_Gripper;
MoveL Offs(pPlace1,0,0,50),v500,fine,Tool1\WObj:=wobj0;
MoveJ pHome,v500,fine,Tool1\WObj:=wobj0;
ENDPROC
ENDMODULE
```

5．示教相关点位与仿真测试

需要示教的点位：pHome、pPick、pPhoto、pPlace。

仿真测试过程中物块的角度变化如图 7-162 所示，物块拍照如图 7-163 所示。

图 7-162　物块的角度变化

图 7-163　物块拍照

任务实施

本节任务实施见表 7-13 和表 7-14。

表 7-13 视觉贴合任务书

姓　名		任务名称	视觉贴合
指导教师		同组人员	
计划用时		实施地点	
时　间		备　注	

任务内容

使用 Smart 组件控制吸嘴吸取物块。

考核项目	使用 Smart 组件实现吸嘴吸取工件的效果，来完成物块搬运的仿真
	使用 Smart 组件 LineSensor、Attacher、Detacher 实现吸嘴吸取物块
	使用 Smart 组件 Source、Queue、LinearMover 实现传送带送料
	使用 Smart 组件 PlaneSensor 实现来料检测

资　料	工　具	设　备
教材		计算机

表 7-14 视觉贴合任务完成报告

姓　名		任务名称	视觉贴合
班　级		同组人员	
完成日期		实施地点	

操作题

在完成本节视觉贴合案例的基础上，完成 6 个方块的视觉贴合，如图 7-164 所示。

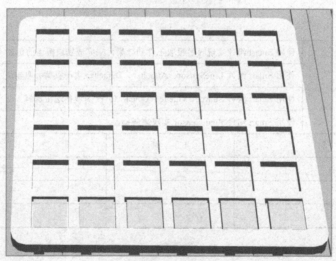

图 7-164 视觉贴合

任务评价

本章任务评价见表 7-15。

表 7-15　任务评价表

任务名称	应用实例			
姓　名		学　号		
任务时间		实施地点		
组　号		指导教师		
小组成员				

检查内容

评价项目	评价内容		配分	评价结果	
				自评	教师
资讯	1. 明确任务学习目标		5		
	2. 查阅相关学习资料		10		
计划	1. 分配工作小组		3		
	2. 小组讨论考虑安全、环保、成本等因素，制订学习计划		7		
	3. 教师是否已对计划进行指导		5		
实施	准备工作	1. 掌握轨迹模拟案例	6		
		2. 掌握螺旋桨旋转案例	6		
		3. 掌握搬运案例	6		
		4. 掌握药瓶装配案例	6		
		5. 掌握视觉贴合案例	6		
	技能训练	1. 能完成轨迹模拟	6		
		2. 能完成螺旋桨旋转案例	6		
		3. 能完成搬运案例	6		
		4. 能掌握药瓶装配案例	6		
		5. 能掌握视觉贴合案例	6		
安全操作与环保	1. 工装整洁		2		
	2. 遵守劳动纪律，注意培养一丝不苟的敬业精神		3		
	3. 严格遵守本专业操作规程，符合安全文明生产要求		5		
总结	你在本次任务中有什么收获？				
	反思本次学习的不足，请说说下次如何改进。				
综合评价（教师填写）					